民生科技的理论与实践

王　峥　武霏霏　龚　轶／编著

科学出版社

北京

图书在版编目（CIP）数据

民生科技的理论与实践/王峥，武霏霏，龚铁编著.—北京：科学出版社，2015.5

ISBN 978-7-03-044499-8

Ⅰ.①民… Ⅱ.①王…②武…③龚… Ⅲ.①科学技术-技术发展-研究-北京市 Ⅳ.①G322.71

中国版本图书馆 CIP 数据核字（2015）第 116952 号

责任编辑：朱萍萍　侯俊琳　张春贺/责任校对：刘亚琦
责任印制：徐晓晨/封面设计：黄华斌
编辑部电话：010-64035853
E-mail：houjunlin@mail.sciencep.com

科学出版社出版
北京东黄城根北街 16 号
邮政编码：100717
http://www.sciencep.com
北京凌奇印刷有限责任公司印刷
科学出版社发行　各地新华书店经销
*
2015 年 7 月第　一　版　开本：720×1000 B5
2020 年 11 月第三次印刷　印张：11 3/4
字数：225 000
定价：78.00 元
（如有印装质量问题，我社负责调换）

序　言

聚焦我国战略，民生科技已不再是科技工作中的一个局部问题，而成为影响全局、引领我国经济社会全面发展的重要议题。面对当前经济下行压力和各种社会矛盾，特别需要重视深化改革，发挥科技创新改善民生的成效，增进人民福祉，在持续发展中扩大就业、增加收入、改善生态、提质增效。为此，有必要深入探讨至今为止民生科技的发展与实践经验，对新时期民生科技活动的新特点、新趋势、新模式进行研究，为未来发展树立标尺。

正确把握新常态下的创新活动，就要进一步明确认识政府与市场之间的模糊区，弱化过去"公益性科技"和"非公益性科技"的分类，充分理解民生科技带来的创新活动、组织和系统模式的形态变化，采取正确手段推动民生科技发展。这一方面要求市场在民生科技的创新中真正发挥资源配置的决定性作用；另一方面也要求政府从事前审批向事后监督、从微观干预向宏观调控、从分配资源向公共服务、从创造财富的主体向创造环境的主体不断转变，以营造良好的民生科技发展环境。

本书从理论与实践结合的角度，探讨了民生科技为创新系统和国家经济社会发展带来的影响，全面总结了国内外民生科技领域工作的规划、管理与实践，定量评价了北京地区民生科技的发展水平并给出了阶段性判断，从创新需求端出发对民生科技产业和地区居民需要进行了扎实的调研。该书对民生科技这一概念的内涵、已有实践和理论意义进行了探索性的分析和判断，有助于我们更好地认识到宏观创新系统的发展方向，了解目前在科技工作实践中存在的一些问题。

把创新发展作为经济社会发展的一条主线，是适应经济发展新常态带来的趋势性变化的内在要求。要响应全球创新形势和创新模式的转变，彻底摆脱思维定势和路径依赖的束缚，从观念创新、制度创新、政策创新出发，推动民生科技的发展，增强国家创新能力，从而在新一轮全球竞争中占据先机。

中国科学技术发展战略研究院 研究员

2015 年 1 月 20 日

前　言

撰写本书的缘由是数年前我们讨论的一个问题，即"民生科技究竟是什么"。这个概念于 2007 年被提出，从国家到地方，"民生科技"这一名词在各类文件中出现的频度迅速增加。2012 年，我们围绕这一议题召开了一系列研讨会议，对民生科技的概念和内涵进行了初步的讨论，以北京市民生领域科技工作为研究对象，进行了政策梳理和应用工程效果的调研。在这一调研中，我们将民生科技的界定标准和原则定位于"解决人民最关心、最直接、最现实利益问题的科学技术活动"，主要从政府科技工作的角度梳理了北京市民生科技的发展情况。通过这一研究，我们进一步明确了民生科技同以往科技项目领域分类的区别，也认识到民生科技并不等同于公益性的科技，而蕴藏着更复杂的属性，影响着全社会的科技创新活动。在国家科技战略日益强调科技对民生改善作用的背景下，我们感到有必要围绕这一主题开展更全面的研究，并在之后几年设立一系列民生科技领域国内外科技规划、相关产业、区县工作和居民需求案例的课题。

本书集成了过去几年里我们围绕民生科技这一主题进行的系列研究，分为民生科技的理论内涵与战略导向篇，首都民生科技发展指数篇，民生科技政策与管理篇，民众需求、产业发展与科技创新篇，启示和思考篇五个主要部分，每部分聚焦于民生科技的某个特定方面，希望为读者提供从科技规划与战略、政府科技管理、区域科技评价到产业与民众微观需求等不同层次的研究视角。我们力求表达的主要观点是，民生科技这一概念所蕴含的复杂内涵事实上反映出科技创新从价值观到实践层面的全面变革。它在提出之初是一种政策性的概念，但随着全球创新趋势的变化，民生科技已经对我国科技规划与管理体制的变革提出了挑战。

与本书内容有关的研究课题得到了北京市科学技术研究院、北京市科学技术委员会、北京市科学技术协会、北京市西城区科学技术委员会等单位的大力支持。本书主要内容由北京决策咨询中心课题组撰写。其中，第一、第二、第六、第八~第十三章主要由武霏霏撰写，第四、第五、第七章主要由龚轶博士撰写，第三章由武霏霏和龚轶博士共同撰写。全书文稿整理和校对工作由武霏霏完成。王峥副研究员全面指导了整个书稿的设计、撰写与修改。本书指数篇中部分统计数据在北京科技统计信息中心的协助下获得。北京科技统计信息中心黄刚研究员、北京市政府研究室教科文卫处王仁华处长、北京市委研究室赵毅副巡视员、中国科技发展战略研究院科技统计与分析研究所宋卫国研究员等专家为本书的研究提出了大量宝贵意见，在此一并表示感谢。

民生科技影响深远，本书的研究只是我们对这一主题下的若干具体问题作的初步探讨，旨在抛砖引玉，激发科技政策制定者和研究者的进一步讨论和更深入的思考。本书认识不成熟、论述不妥当之处，敬请读者不吝指正。

作　者

2015 年 1 月

目　录

第一篇 民生科技的理论内涵与战略导向

第一章　创新系统理论下民生科技的概念发展

2007 年的"两会"上，"民生科技"的概念由重庆市人大代表首次在国家层面公开提出，此后迅速出现在各地科技工作文件中，研究热度也在不断上升。本章辨析民生科技的内涵、内容和特点，并探讨民生科技在现代创新系统中的影响。

第一节　民生科技的内涵

一、民生科技概念的演变

1. 民生科技出现的必然性

从社会整体发展环境方面看，当前科技与经济、社会和民生融合的趋势日益凸显。科学技术通过应用于实际的生产过程转化为现实的生产力，实现与产业的结合，从而降低成本、提高效益、改善人民生活质量。特别是当经济产业发展到一定阶段后，科学技术对经济的发展和变革发挥着首要的促进作用，不只是使经济在量上（即规模和速度上）迅速增长，也使经济发生质的飞跃，在经济结构、劳动结构、产业结构、经营方式等方面发生了变革。

从科学技术进步趋势方面看，一方面，科学技术的发展对人类生活水平和生活质量的提高发挥了巨大作用，满足了人类不断增长变化的需要，但是科技的进步也带来很多负面问题，科技发展本身在伦理上受到了挑战。因此民生科技概念的出现，是人们在认识上对科技进步的反思。另一方面，新科技革命的发生和发展，使得创新活动出现明显的分散化、个性化、需求导向化趋势，创新同用户的需要前所未有地紧密联系在一起，构成了民生科技快速发展的基础。

对政府而言，提出"民生科技"的概念具有明确的政策意义。这意味着要把具备改善民生功能的公共产品作为政府科技工作的重要任务，科技投入要向公益性、普惠性地解决民生问题倾斜，也意味着政府要通过法律、政策等手段引导并规范科技活动朝着改善民生的方向发展。可以说，民生科技的提出不是为了对科技进行新的分类，而是现代条件下新的科技价值追求和发展方向。在这一意义上，民生科技是一种全新的概念。

具体到北京市层面，目前全市自然资源环境的承载能力同人口绝对数的迅速扩大之间，存在着不可避免的矛盾。改善城市环境、解决"大城市病"：一方面要靠控制人口、降低增长速度；另一方面更要利用科技手段实现精益生产、精致生活，在有限的资源环境条件下提高第一、第二产业效率，改革第三产业业态，回应城市的发展要求。科技同产业、市场的结合，也就促使民生科技进一步成为整个城市创新发展的需要。目前北京市农业的科技进步贡献率仅为70%，对民生领域科技创新研究和成果应用仍有极迫切的需要。

2. 民生科技概念的产生和发展

一直以来，关于民生科技的概念始终没有一个共识性的定义，对于民生科技的内涵、结构及领域的理解和认识也不尽相同。从当前来看，学者们对民生科技内涵的界定一般是从"民生"和"科技"两个术语的组合层面理解的。周元和王海燕等（2011）认为，"理解民生科技概念的内涵，离不开对民生或民生问题的认识，也离不开对科技概念的理解。只有对何谓'民生'有比较合理、恰当的界定，对什么是'科技'有全面的认识，才能准确把握民生科技的内涵"。

（1）"民生"与"民生问题"。从目前来看，学术界对"民生"和"民生问题"两者的概念的认识基本是一致的。所谓民生，主要是指"民众的基本生存和生活状态，以及民众的基本发展机会、基本发展能力和基本权益保护的状况等"（周元，王海燕，2011）。所谓民生问题，其实就是民生面临的问题，是指"人民最关心、最直接、最现实的利益问题"。民生问题是人民群众生产、生存、享受的问题，包括人民群众的衣食住行、教育、医疗、劳动就业、精神享受、安全等最直接、最现实的诸多利益问题。

（2）民生科技的概念界定。在"民生"与"民生问题"概念的基础上，不同学者在不同时期、不同角度对"民生科技"概念的理解也不尽相同。通过相关文献检索梳理得知，学术界对民生科技的内涵理解大致分为两种情况：一种是对民生科技的狭义解释，将民生科技简单理解为与解决、服务民生问题直接相关的科学技术（秦远建，肖志雄，2009；李宏伟，2009；王明礼，2010）；另外一种则是对民生科技的广义解释，即泛指一切可以改善民生的科技活动。广义解释中将与民生科技相关的政策体系也纳入了其中。比如，崔永华等在前人研究的基础上，把民生科技概括为能够促进民众改善基本生存和生活状态、增加基本发展机会、提高发展能力和优化权益保护状况的各种科学和技术及其政策的体系（崔永华，王冬杰，陈俊杰，崔永华）。在这里，崔永华将民生科技分为三个层面：一是面向基本需求的科技，由企业主导，包括直接服务于民生的科技和有助于民生产业提升的科技；二是面向公共需求的科技，由政府主导，包括提供解决民生问题的公共科学产品和重大关键技术；三是促进民生科技发展的政策体系。

综合前期研究，周元和王海燕等（2011）从狭义和广义两个方面对民生科技的概念进行了界定，狭义的民生科技主要是从狭义的民生概念出发，将发展民生科技与政府的职能联系起来，指能够普遍促进民众改善生存和生活状态、增加发展机会、提高发展能力和优化权益保护状况的各种科学技术活动，而广义的民生科技则泛指一切可以改善民生的科技活动。

就政策层面的民生科技概念而言，本书认为，改善民生是政府提供公共服务的重要职能，是政府支持科技活动的直接目的，也是所有政府科技活动期望实现的总体目标。因此，对政府而言，提出"民生科技"的概念，其政策意义的重点在于站在发展战略导向层面对实际工作进行引导。一方面，这意味着要把提供"改善民生"的公共产品作为政府科技工作的重要任务，科技投入要向公益性、普惠性地解决民生问题倾斜；另一方面，也意味着政府要通过法律、政策等手段引导并规范科技活动朝着改善民生的方向发展。从宏观科技管理的角度看，民生科技是一个政策性的概念，是国家职能部门在发展科技和改善民生上提出的政策导向和科技项目导向。鉴于此，过去若干年间，学者们在研究民生科技的时候，更多将重点放在由国家或者地方出台的发展民生科技的政策上，研究当前民生科技这一创新概念在科技管理领域的创新性与实践性。

经过十几年的发展，国家创新战略对成果应用的关注度不断上升，特别是十八届三中全会以来，随着政府与市场关系的逐步理顺，企业在创新中的主体地位越来越突出，科技管理者和研究者日益重视创新活动在应用端的作用和影响。在大多数科技项目领域，这意味着项目成果应当实际转移到企业、社会用户的手中，一部分成果将直接成为民众可用的产品和服务，另一部分则将通过企业的设计和生产，对民生带来间接地改善。随着现代创新理论的不断发展，"民生科技"这一词语的内涵和外延实际上都已超过了2007年初次提出时的认知范围，也超过了政策制定者们在初次设立"科技惠民"项目时对民生科技的理解。民生科技不再仅仅作为一种导向性的提法，也不仅仅是项目工作层面政策性的归类，它意味着以应用为价值导向的科技哲学，影响着国家创新战略的顶层设计；意味着调整创新主体之间的关系，强调企业和市场作用的态度，影响着国家创新系统的完善和变革；意味着包括科研机构、企业、用户等主体在内的全社会对创新的态度，影响着整个科技工作的管理走向。

结合考虑政策源流和学术发展的脉络，本书认为广义上的民生科技指的是一种以应用为价值取向的科技哲学，指导着全面的科技工作；狭义上的民生科技指的是旨在解决最直接、最现实、最紧迫民生问题的基础研究、应用研究、示范推广、产业化等各环节创新活动。关于民生科技的概念，本书特别强调，民生科技不是单纯的公益科技或公共科技，也并不仅仅包括直接解决应用问题的创新活动环节，其具体内容要根据特定阶段、特定地区最主要的民生问题而定。

二、民生科技的内容

民生问题是指人民群众生产、生存、生活享受的问题，它包括人民群众的衣食住行、教育、医疗、劳动就业、精神享受、安全等最直接、最现实的诸多利益问题。而民生科技则是与人民群众的生产、生存和生活享受关系最密切、最直接的科学技术及其活动。

根据不同的划分标准，民生科技的内容可以分为不同的类别。从技术角度看，按技术复杂程度划分，可将其分为简单民生科技、复杂民生科技；按创新环节划分，可将其分为基础性民生科技、应用性民生科技、开发性民生科技等。从科技工作目标角度看，按目标指向划分，可将其分为保障生存型民生科技与支撑发展型民生科技；按服务对象划分，还可以分为服务城镇居民的民生科技和服务农村居民的民生科技。

1. 学术研究中的民生科技

在学术研究领域，目前对民生科技内容的归纳还没有得到比较统一的结论。除针对民生科技的价值导向作相对宽泛的定性归类外，学界多从科技成果应用领域的角度对民生科技的具体内容进行列举式的分析。例如，王明礼和王艳雪（2010）认为，民生科技是直接惠民、利民的科技，是离人民群众最近、最直观的科技，包括农业科技、食品安全科技、建筑科技、交通科技、医药科技、生态环保科技、能源利用科技、防灾减灾科技等。王海燕则认为民生科技的重点是环境保护、节能减排、生态治理、人口健康、城镇建设、防灾减灾等领域（周元等，2008）。张俊祥等认为，食品安全问题、重大疾病防治问题和医药卫生问题是目前民生科技首先要关注的三大问题（张俊祥等，2009）。贾品荣认为，民生科技的核心体系主要包括数字科技、健康科技、安全科技、环保科技（贾品荣，2011）。吴伟认为，民生科技包括关于人民健康生活的生命和医疗技术，关于人民生活环境的生态环境和交通技术，关于安全的灾害预警和治理技术等构成的民生技术系统（吴伟，2010）。秦远建和肖志雄在早期研究中认为，民生科技的基本内容包括环保科技、健康科技、安全科技、数字科技、教育科技等（秦远建，肖志雄，2009）。

尽管研究者们对民生科技的内容列举存在差异且并无对边界的明确定义，我们仍可以看出，民生科技研究领域主要聚焦在关乎民生亟待解决的问题上，可以具体落到健康、生态、环境、安全、教育、就业、数字等方面内容，而相对应的民生科技领域较为突出的就包括健康科技、环保科技、安全科技、防灾减灾科技、教育科技、数字科技等。其中，健康科技、生态环境科技、公共安全科技、教育科技是几个获得主要共识的研究领域。

2. 实践工作中的民生科技

由于当前我国对社会、对科技工作的管理还主要采用部门纵向管理的方式，不同专业、行业、领域门类的科技分别归口不同部门加以管理，所以为实践工作方便起见，目前，多数应用性的分类主要是从科技成果的应用领域来划分的。2006 年 2 月 9 日，国务院颁布的《国家中长期科学和技术发展规划纲要（2006—2020 年）》涉及的民生领域科技工作包括环境、人口与健康、公共安全等领域。2008 年 12 月 15 日，胡锦涛总书记在纪念中国科协成立 50 周年大会上的讲话中提到："要坚持以人为本，把解决好关系人民群众切身利益的问题作为科技工作的重要内容，在生命健康、生态环境保护、公共安全等领域加强攻关，加强对地震灾区灾后恢复重建方面科技问题的研究，推动科技成果充分惠及广大人民群众。"其中所涉及的是生命健康、生态环境保护、公共安全、地震灾害四个民生科技领域。

2011 年，《国家"十二五"科学和技术发展规划》发布，提出今后 5 年要重点解决人民群众最关心的重大民生科技问题。强调要推进民生科技创新，加快民生相关科技成果转化应用，人口健康科技、公共安全科技和绿色城镇科技是其中的重点。同年 7 月 18 日，中华人民共和国科学技术部（简称科技部）部长万钢在第四次全国社会发展科技工作会议上的讲话中指出，在未来社会发展科技工作中，加快提高人口健康、生态环境、公共安全、防灾减灾的创新能力，在改善民生、转变发展方式、实现科学发展道路上迈出更大的步伐，形成了以人口健康、生态环境、公共安全、防灾减灾等领域为主的民生科技。另外，此次会上还发布了《关于加快发展民生科技的意见》，其中提到要重点围绕人口健康、生态环境、公共安全、防灾减灾四个领域大力推进相关科技工作。随后，部分省（直辖市）也出台了一批推进地方民生科技发展的文件。这些政策文件的出台是各地政府在科技部文件精神的指导下，结合地方实际，针对人民生活特点和最紧迫、最直接的需求而作出的设计，对地方民生科技工作的方向、重点领域、重点工程和技术手段等都作出了规定，突出反映了各地政府为满足地区民众较广泛需求而规划的科技工作重点。

2013 年科技部同财政部联合发布的《科技惠民计划管理办法》（简称《办法》），首次在国家层面以政府文件的形式正式规定了民生科技项目工作的重点领域，从分类上看，包括人口健康、生态环境和公共安全三个领域；而从内容上看，该《办法》中规定的公共安全领域工作事实上也部分地包括了过去文件中的防灾减灾领域的工作内容。北京市于 2013 年 7 月发布市级的科技惠民计划管理办法，与上海市、天津市等发展水平较高的城市类似，在科技部规定领域之外，还特别将城市精细化、数字化、信息化管理内容也囊括在了民生科技重点方向之中。

3. 首都发展中的民生科技

本书主要研究首都的民生科技情况与水平，而民生科技与民生问题关系密切，受到具体区域特征和发展阶段的较大影响，因此在对民生科技内容进行归类时，还应当考虑到北京市居民当前的生活需要。参考 2013 年以来官方主持的几次民意调查结果和市领导的重要讲话，总结当前影响北京市居民生活且科技手段能够在其中发挥一定作用的主要问题，包括医疗效率、居民养老、改善交通、合理分配教育资源、食品安全、治理污染等，特别是治理环境污染、保障公共安全、改善老年人口健康、城市精细化和信息化管理等几个问题广受民众关注，应当成为首都民生科技工作的重点内容。

2014 年 3 月习近平总书记在考察北京工作时，明确提出北京要坚持和强化其全国政治中心、文化中心、国际交往中心、科技创新中心的核心功能，首次明确了科技创新中心是首都的核心功能。科技创新中心的新定位，将是北京未来发展强有力的引擎。建设科技创新中心，一方面要求民生科技要在首都发展中占据更重要的位置，真正实现科技创新引领，以科技创新解决城市可持续发展中的重大问题和人民群众关心的热点、难点问题，实现高端引领创新驱动绿色低碳的发展方式；另一方面对进一步提高人民群众的科技素养提出了新的要求，实现科技创新和文化创新的双轮驱动，形成以科技创新为导向的城市发展理念。因此，在探讨首都民生科技发展情况、特别是预测未来发展趋势的过程中，应当将文化教育领域的发展状态也纳入到研究范围当中。

三、民生科技的特点

围绕民生科技的核心目标，分析民生科技在价值取向、创新活动、领域学科内容、经济社会效益等几个方面的特点，本书认为民生科技是以应用为导向的科技哲学，其投入、过程和服务对象相对复杂，涉及的范围比较广泛，要解决的问题存在多种层次。

1. 民生科技是以应用为导向的科技哲学

从整体的价值取向上看，民生科技是应用导向性的科技。民生科技的技术选择，应以技术是否适用为主要判断标准。也就是说，创新不是为了追求技术的先进性，而应强调市场的适应性与经济可行性。这在民生科技的创新活动中尤为显著，是民生科技的核心特点之一。这类技术不太强调技术的先进性，而强调其应用的经济效益和社会效益。它既可以是先进技术，也可以不是先进技术，但一定是有较好的经济效益和社会效益的技术。对于民生技术而言，关键是要能够切实、有效解决民众的实际需求，强调的是技术的有效性、稳定性和成本，因此，民生科技的价值取向是以应用为导向的，这一特点将显著影响民生科技工作的规划方向、评价方式及标准。

民生科技的应用导向性还使得这类科技工作更加强调对需求的满足。这不仅反映在科技工作的规划、设计和应用推广等方面，更反映出一种深层次的工作心态和价值观。举例而言，创新者和科技项目设计者不仅要思考哪些技术在技术层面是可行的，更重要的是要把开发者的想法带给用户，并且站在用户的立场上理解他们将如何使用创新产品。因此我们认为，民生科技意味着各创新主体在创新活动中要时刻秉承以应用为导向的价值取向。

2. 民生科技的投入、过程和服务对象相对复杂

民生科技的复杂性贯穿于整个创新活动中，反映在创新投入主体、所处的创新环节、创新活动的服务对象等各个方面。

（1）民生科技创新投入的主体复杂。不同于传统的、主要考虑经济效益的技术创新，部分公共领域的创新投入主体是政府；也不同于一般意义上的公益性科技，更多民生科技领域的创新投入还应当来源于企业。民生科技在公共产品领域具有很大的发挥空间，特别是一些传统意义上提供公共产品的技术，这些创新活动应以政府为主导；部分民生科技旨在解决少数人面临的问题，或研发成本较高，还没有受到私人经济领域充分关注的技术领域，而该技术领域在改进后能够对满足社会需要大有助益，针对这些技术，政府应当起到的作用实质上是在这个领域中投入资金进行深入和有成效的研究，让技术能够成熟，然后放手任其自由发展。结合民生科技的应用性来看，既然一些主要民生科技产品确实是民众所需要、直接面向应用端的，那么民生科技的创新投入还应当主要来源于企业，由市场主导进行创新。

（2）民生科技创新活动所处环节复杂。特别需要强调的是，民生科技的应用导向并不意味着民生科技只能是应用技术。尽管民生科技具有应用导向性，但不能说民生科技的创新就仅仅只是应用示范和试验推广，不能忽视"巴斯德象限"的存在，即那些"为了解决实际问题而开展的基础研究"，同样属于民生科技的范畴。例如，为了治愈某种重大疾病而进行的病理学、药理学、生物医学基础研究，当然也是一种民生科技的活动。

（3）民生科技创新活动的服务对象复杂。民生科技工作的目的是解决实际问题，而在解决问题的过程中采用什么手段、由谁来推动、公共部门还是私人来提供资金、产品是公共品还是商业品、技术来源是军用技术还是民用技术等，以

上特性都无法用简单的定义加以限定。例如，目前在民用领域正在广泛推广的激光视力矫正手术，能够直接帮助有视力缺陷的弱势群体更好地生活，显然属于一种民生科技；但这种技术却是国防科研中导弹防御体系研发过程的副产品。在这种情况下，除非为了指导实际和具体的科技项目工作，否则我们很难在理论和战略设计层面确定地指出何种机构主导的创新是民生科技、何种技术属于民生科技，这也为民生科技的定量研究带来了一定困难。

3. 跨学科研究是民生科技研发活动的主流

从技术领域上看，民生科技涉及多种学科、行业，类别广泛。民生科技与民众的实际生活需要有关，其划分范围和类别的界定标准，并不是现有统计口径中的"行业"或"学科"，而更关注具体工作的内容和服务对象是否与民众的日常活动密切相关。从学术研究的角度，民生科技的广泛性实际说明它更属于一种价值取向而非新的分类，要对其作出严谨和完全科学的范围界定是难以做到的。当然，在政府管理工作和政策层面上必须对具体的民生科技工作加以规划、管理、组织和评价，因此仍需要结合现有的各种经济与学科分类对民生科技加以界定。

4. 民生科技针对的民生问题存在多种层次

民生科技要解决所谓"最紧迫"的民生问题，而这里的"紧迫"很大程度上是因人、因地、因时间而异的。例如，20世纪50年代我国城镇居民在"吃"方面面临的最严重民生问题是粮食不足，那么相应的民生科技产品和服务就包括扩大农产品产量、畅通农产品运输渠道、延长农产品保存期限等；而到了2014年，我国城镇居民在同样领域感受到的最严重民生问题已经变成了不了解食物的营养价值，也就是不清楚怎样才能吃得"更健康"，因此相应的民生科技产品与服务要解决的问题就从"满足温饱"上升到了"保证质量"。同样是衣、食、住、行，由于社会的发展水平上升、民众的生活需要层次随之上升，转而更加关心公平、效率等问题。反映在民生科技工作中，不能说旨在解决温饱问题的粮食种植技术是民生科技，而旨在提高医疗效率的医疗信息化技术就不属于民生科技，而仅仅只是它们解决问题的层次不同。

第二节　创新系统中的民生科技

一、创新与创新系统

1. 相关概念

"科技"和"创新"在我国常被连用，但这两者拥有截然不同的内涵和外延。本书认为，尽管民生科技在提出时主要针对科技工作，偏向科技政策性概念，但它的发展必将对全社会创新活动产生影响，同时很可能影响产业技术创新、创新系统等理论，推动创新理论的演进。因此，有必要首先对创新及创新系统相关概念进行界定。

（1）创新。创新本是一个经济学概念，专指"企业的技术创新"。此后，随着经济学科本身的发展，也随着现代创新活动范围、程度和波及领域的扩大，创新从单纯的技术创新扩展到产品创新、营销创新等模式，又从经济学领域扩散到其他领域的研究中。相对宽泛地看，现代研究者认为，创新就是产生新知识或把现有的知识要素以新的方式组合在一起的过程。特别需要强调的是，从"创新"概念的起源出发，限定了这种活动必须是已经被实现的。熊彼特认为"只要发明还没有得到实际上的应用，那么在经济上就是不起作用的"（徐则荣，2006），根据国际经济合作与发展组织的阐述，创新的最终实现，应在"一种新的或改进的产品被投放市场时，新的工艺、营销方式、组织方式被应用到企业运营中时"。因此，所谓创新活动也就包括实现创新所采取的科学、技术、组织、金融、商业方面的活动。有些创新活动本身就是在进行创新，也有些创新活动是为实现创新而做的必要工作，创新活动还包括与具体创新活动不直接相关的研发活动。可见，广义的创新实际上包括了"科学技术研究"及"科学技术研究的实现"两重含义。在创新的语境下，"民生科技"的概念也不仅仅是"用于民众生活的科学技术"，而是作为一种价值观和导向，更深入地影响着整个创新活动的过程及创新系统的形态。

（2）创新系统。创新行为一开始仅作为企业活动的单个案例被经济学者研究，如20世纪初熊彼特在研究企业创新案例时特别强调企业家个人的影响力，也就是所谓具有"企业家精神"的创新型企业家，是他们"创造性的破坏"导致了创新的出现。而真正将创新过程视为一个系统，放在更大范围宏观环境下对其过程、演变和规律进行研究，是从20世纪70年代开始的。美国学者尼尔森和温特创立创新的演化经济理论，开始在技术创新研究中考虑制度创新的影响。随着学科交叉和技术融合速度的加快，电子信息、生物医药等新产业规模迅速扩大，科学研究、技术开发同新兴产业的联系变得前所未有的紧密，政策制定者和研究者们纷纷发现，传统的科学研究在新的时代拥有了与以往截然不同的经济意义，技术创新也绝不仅仅只源于企业家个人的灵光一现。研究者们提出，创新系统的主要要素应至少包括组织和制度两个方面。其中，组织主要包括企业、大学、风险投资机构，以及负有相应管制责任的公共机构，制度则包括与创新直接相关的法律规定（如专利法），以及影响高校和企业间关系的规则和规范。围绕创新系统的构成、系统中各主体的关系及内外部影响，各类创新系统理论和模型迅速涌现，并随着研究者对创新理解的不断深入而逐步汇总并展开。总体而言，对创新系统的日益关注，体现了技术创新模式从封闭到开放的转变，也是现代科技发展的趋势，不仅影响了创新理论研究，更影响着各国对创新活动的态度和创新管理政策机制的设计。

目前，对创新系统比较全面的解读，一个重要的理论来源是英国经济学家克里斯托弗·弗里曼（C. Freeman）在1982年首次提出的国家创新系统概念。这一理论认为，国家创新系统包括"所有能够影响创新的开发、扩散和使用的重要的经济、社会、政治、组织、制度因素及其他因素"（Edquist，1997），实质是指由公共部门、私人部门和机构组成的网络系统，并强调系统中各行为主体的制度安排和相互作用。该网络系统中各个行为主体的活动及其相互作用旨在经济地创造、引入、引进和扩散新的知识和技术，使一国的技术创新取得更好的绩效，推动产业发展和经济发展水平的提高（吴琼，2005）。大多数创新研究者都认同，尽管创新的主体是企业，但创新系统的主要组成部分还包括科研机构、大学和中介机构等其他组织，这一理论也随着现代创新体系的完善而不断深化。

在国家创新系统中，企业和大学/科研机构既存在着明确的创新职能分工，也存在着各自的创新资源缺口。大学知识扩散的需要与企业技术创新知识源的需要，构成了协同创新的供需市场。大学/科研机构的能力优势是基础研究、专业人才、科研仪器设备、知识及技术信息、研究方法和经验，资源的需求是资金和实践信息；企业的能力优势是技术的快速商业化、相对充足的创新资金、生产试验设备和场所、市场信息及营销经验，资源需求是基础性原理知识和科技人力资源（何郁冰，2012）。由此可知，在国家创新系统的语境下，现代创新超越了企业活动，在企业外部的创新主体其存在和意义开始受到更多的关注，这一理论为创新活动同一个国家或区域的创新政策之间的关系找到了切入点，因此在近年的创新政策研究中产生了重要影响。研究者认识到，不同创新主体各自怀有不同的目的，在创新系统中发挥不同的作用。这种目的和作用的差异性，以及各主体产生联系之后对整个国家和区域创新系统的影响，成为关注焦点之一。

创新活动的资源需求越来越多，特别是跨学科、跨领域的资源交流愈加频繁。在这种背景下，2003年美国学者切萨布鲁夫（H. Chesbrough）提出了"开放式创新"概念，对企业通过整合内外部创新要素以创造新价值进行了系统研究。开放式创新模式意味着，一个组织可以从其外部和内部同时获得有价值的创意和优秀的人力资源，运用外部和内部的研发优势在外部或内部实现研发成果商业化，并在使用自己与他人的知识产权过程中获利（陈劲，阳银娟，2012）。这是对"创新系统"中各主体的作用及关系的又一次认识革新，意味着创新不一定要在组织内部完成，也就进一步打破了大学、科研机构、企业各自负责不同的创新活动环节，不同的创新活动具有清晰可辨的目的等传统观念。创新的成果渐趋无形化，创新系统中的主体行为渐渐不能单纯用组织目标进行反推式判断，甚至创新活动本身的目标界定也不再清晰。

2. 创新活动的过程

在创新理论和模型的研究中，有关创新活动各环节的逻辑先后关系，即"谁导致了谁"的问题，几十年来始终受到研究者的关注。最早提出科学研究与创新谱线关系、并具有较大影响力的研究者，当属美国国家科学研究与发展局主席万尼瓦尔·布什。他在 1945 年《科学——无尽的前沿》报告中，根据不同的研究目的，将创新过程分为纯科学研究、背景研究、应用研究与发展三大类，并认为这三类活动具有清晰的边界。关于三类创新活动的关系，万尼瓦尔·布什明确地提出，"新产品和新工艺过程……依赖于新的原理和新的概念，而这些新原理和新概念本身又是来自基础研究的"，因此他认为"基础科学进步是技术创新的'主要源泉'"，从基础研究、应用研究到技术创新，存在一种知识的单向流动，后续活动的产生和发展总是依赖于前端活动，因此基础研究在创新活动中地位最为重要。布什模型（图 1-1）中"一个在基础科学新知识方面依赖于他人的国家，将减缓它的工业发展速度，并在国际贸易竞争中处于劣势"的论断，影响了几十年间美国科技政策的方针。

图 1-1　创新的线性链条（万尼瓦尔·布什，2004）

不过，这一创新的线性链条早在 1986 年就遭到了克莱恩和罗森博格的反对。他们从企业创新经济学的角度出发，认为这个模型的问题表现在两个方面。首先，它建立的创新因果链仅适用于一小部分创新。的确，有些重要的创新是来自科学突破，但通常企业进行创新是因为有商业需求，而且它们一般会从对现有知识进行评估和组合开始，只有这种做法无法成功时，企业才会考虑投资到研究活动中。实际上，在许多情况下，用户的经验才是创新最重要的源泉。此外，线性模型还忽视了创新过程各阶段之间的反馈和循环。每一个阶段的缺点和失败都可能导致对前一阶段的重新设计，而这就有可能最终导致全新的创新产生（詹·法格博格，2009）。

线性模型基于这样的假设，即创新是应用科学，按照一系列定义好的阶段顺序进行。既然先进行研究，很容易将研究这一步骤视为创新全过程的关键因素。这种对创新环节先后顺序的判断和重要性的排序也是布什模型遭到反对的重要原因，在一定程度上已经成为现代创新研究界的共识。例如，叶明海、翟庆华和张玉臣（2010）指出，这种单向度线性创新模式的根本缺陷在于：它假设科学、技术间的流动规律是单向地从科学发现流到技术创新。事实上，对基础研究和技术创新的关系来说，两者之间并不是简单的单向度线性关系，并不是所有的创新都是从科学研究流向技术，同样技术创新也会反馈回科学研究，也并不是所有的创新都源于基础研究。因此实践表明，这种单向度线形模式不能反映纯基础研究与纯应用研究。

1997 年，美国普林斯顿大学的司托克斯提出了"科学研究与创新的象限模型"。他以"创新的目标和动机"为两条坐标轴画出了 4 个象限，构建了全新的创新模型（图 1-2）。其中，x 轴表示创新成果是否以应用为目的，y 轴表示是否追求对世界新的认识。4 个象限中，左上角代表由探求世界的好奇心所推动、并无实际应用目标的纯基础性研究，称为玻尔象限；右下角代表以解决实践性问题为目标的纯应用研究，称为爱迪生象限；右上角表示由解决应用问题而引发的基础研究，称为巴斯德象限；左下角则意味着既不具备特别的实践性目标，也不探求新认识的研究活动，即皮特森象限。这个模型与布什模型最大的区别就在于巴斯德象限的提出。司托克斯（1999）认为，生物学家巴斯德进行了大量前沿性基础研究工作，但他的研究目标不是探求世界的真理，而是为解决在治病救人过程中出现的实际问题。这种由实践引发的科学探索，在线性模型中是无法表示的，但恰恰是这一类型的创新活动，在现代新型产业的发展中起到了不可替代的重要作用。他的这一观点，在现代科技和产业发展中不断得到了印证。基础知识和应用知识、科学和技术之间的联系日益紧密，大量的创新知识、创新技术越来越产生于应用情景，尤其是对于社会发展日益重要的领域（如农业、健康、环境、通信等），基础研究和应用研究特别明显地缠绕在一起。也就是说，巴斯德象限类的由解决应用问题而引发基础研究的科学研究出现在越来越多的研究领域，已经成为技术创新与发展的一个主要趋势。

图 1-2 司托克斯的创新四象限模型

应该说象限理论不仅指向技术层面对科学研究如何进行分类和定位，更重要的是成为一种科学研究发展的哲学思想。在司托克斯看来，象限理论并不排斥基础、应用、开发等的"理想类型"式的科研分类，其终极目的旨在解释发达国家科技发展的真实方式，诠释 20 世纪中叶以来发达国家科研的类型、定位、方向等与现代社会包括政府政策、经济等方面的互动。巴斯德象限的提出，无疑是对创新活动类型和顺序的开拓性认识。特别是随着科技研发、产业发展与用户需求融合程度的不断加剧，在"纯粹以探索世界为目标的创新活动"和"纯粹为获取更多市场利益为目标的创新活动"之间，交叉领域越来越大，在产业共性技术研发组织、应用性科研机构、企业研发中心等具体实践中，在各国大型科研开发机构的发展中，都蕴含着由巴斯德象限所生发出来的理念。这一象限的理念，已经成为现代创新活动的一个主要倾向。

二、现代创新系统中的巴斯德式创新活动

1. 创新活动的日益复杂导致了巴斯德式创新的出现

从历史脉络上看，无组织、穷尽人类想象力的自由科学研究，逐渐同实际问题产生了联系，而随着现代工业的发展，出现了完全根据实际问题进行的技术研究。当前，科技与产业的关系发生极大变化，为了使更大范围、更深层次的技术问题得到解决而开展的科学研究成为创新活动的一个重要组成部分。创新活动的日益复杂，导致了巴斯德式创新正占据越来越重要的位置。

综观西方国家企业的发展，创新活动、特别是对实业界有直接作用的创新活动的主流，在过去的几十年中已经从以大学和科研院所为主体的玻尔象限转移到了以企业内部研发机构为代表的爱迪生象限。这里的一个重要原因是，尽管大学和科研院所作为自由科学研究的发源地，具有丰厚和充足的智力和物力资源，但对企业来讲，大学研究的时间线往往拉得太长，很少考虑企业在市场竞争中立足的急迫需求。企业不敢把大学置于重要项目的关键性路径上，使得玻尔象限的主要力量逐渐远离了当今创新活动的核心目标。企业宁可在自身的组织内部聚集一定研究力量来解决应用端的直接问题，这就促成了爱迪生象限的创新主体大规模地出现。

但是，现代创新活动无论从科学技术发展的要求上，还是从创新成果对科研基础的需要上，都正在经历着更为复杂的发展。在大科学时代，科学作为建制化的产物，任何个人或者企业都无力单独支持科学研究；随着知识生成过程的专业化，今天的创新产品融合了更多截然不同的专业领域知识。例如，汽车产业需要的已经不仅仅是机械和工程学，而更多地整合了新材料、电子信息和软件控制系统等学科的知识。在科学的劳动以资本的形式对现代经济增长发挥作用的当下，大科学对投入的要求越来越高，而创新产业化要求的整合性学科知识面越来越广，现代创新活动，哪怕是企业最为单纯的创新活动，很大程度上已不能遵循"应用到应用"的象限模式。产业界的一大部分科技创新活动，再次从接近实用

的组织中转移，开始从爱迪生象限向着巴斯德象限前进。

2. 巴斯德式创新促进了新的创新组织模式的形成

现代创新本身的网络化倾向，包括跨学科、跨区域、多主体的横向网络化和研发与应用环节相互影响和融合的纵向网络化均已表现得十分明显。从现代大型企业、特别是创新活动活跃的行业企业的情况看，尽管行业的科学知识和技术知识都在以惊人的速度进步，但行业组织的形态、框架和管理结构却不可能以同等的速度彻底改变。传统的由市场需求激发的企业技术研发、为满足公共利益的政府科技投入和追求新科学发现的科研机构探索，如今已经在巴斯德式创新中融汇到一起，使得创新的组织模式、投入方式等都在发生变化。

近现代以来，企业的专业化研发及其相关活动是产生新发现、发明、创新和改进的制度化、可预测的源泉。然而，创新过程是复杂的，包含着许多变数，其特点和相互作用及经济价值并不都能被完全理解。其结果是，企业不能完全解释和准确预测重大创新的技术绩效，以及产品的潜在用户的接受能力，日益复杂的产品的开发与生产建立在对大量日益增长的多种领域专业化知识整合的基础上。随着现代科技的发展，企业或其他组织很少能够明确的定义它们的创新产品可能产生的全部用途，起初未能被准确预测但后来被证明是巨大成功的技术和创新的例子比比皆是。20 世纪早期，无线电通信研究的先驱者认为无线电通信不过是一个点对点的通信系统而已，只能用于海军舰艇，但不久之后就出现了一个大众无线电通信的巨大市场。在数次失败之后，即使是规模很大的企业也必须开始考虑同外部创新组织合作，以转移创新风险、应对市场变化。

从传统观念上看，以应用为目的的创新活动不应受到政府的资助，而主要通过企业投入进行。这种将创新活动加以分类并区别对待其投入来源的做法，在20 世纪的美国尤为盛行，其他国家也普遍抱有类似态度。很多管理者认为，政府资助的产业创新可能会忽视商业上的制约，或导致对一些特殊设计草率行事，浪费资源，降低创新效率。但在现代创新活动中，当纯粹的民用市场还不成熟，不足以让人们甘冒风险的时候，政府的资助能够加速对关键性技术的学习。美国信息和通信技术产业早期的发展表明了政府对技术进步的资助中多样性和实验的重要性。如前所述，现代创新探索同需求的联系已经非常紧密，无法准确区分出公益领域和非公益领域，甚至难以界定某一行业的基础性研究和应用开发研究之间的界限。政府不得不在一定程度上参与到产业技术创新中来，也就带来了许多既具备公益性和非营利特点，又同产业界保持广泛项目交流与经费来往的新型科研组织。

可见，创新系统中的所有主体都正处在适应创新活动巴斯德式转向的过程中。偏向应用研究的新型科研机构、专门设立来解决产业共性技术问题的工业研究院等一批适应创新要求的主体蓬勃发展，原有的科研机构与企业也纷纷根据需要调整自身的形态，大学智力资源主办的研发平台机构和企业内部研发机构，其创新活动的目的尽管都是为了实现所在组织的战略目标，但在方式和性质上开始分化。特别是，研发外包、项目分包、技术服务成为了产业领域创新活动一个显著的发展趋势。无论是独立的外包公司还是由已有主体衍生出来的技术服务机构，所要解决的都不仅仅是单个产品或商业行为中出现的技术障碍，同时也要提前解答一些困扰整个行业发展的问题，如去除技术整合的障碍、可能引发产品化的前沿技术开发等，新的创新组织模式正在形成。

三、民生科技与巴斯德式创新：观念、模式与生态

综合国家创新系统和开放式创新的观点，创新资源的开放和创新目标的融合，意味着企业和科研机构等创新主体在组织自身固有的战略目标之上出现了另外一层共同作用的创新目标。企业需要盈利，科研机构希望创造出新的知识，但它们在创新资源的互动过程中实质上构造出了一种超越组织自身属性的行为，即单纯指向科学研究的活动与纯粹为了通过技术创新获得市场用户（进而谋求市场利益）的行为最终融合在了一起，在用户需求——在本研究的语境中，也就是民众的实际需要的作用下，成为了一种无关公益性和私有属性的、参与主体和涉及领域复杂的、跨创新链环节的创新活动，也就是现代的民生科技。这与我们对民生科技性质的研究是相符的。

面对当前科技创新活动的发展，已有若干学者研究过巴斯德式创新同"产学研合作""创业型科研机构"等创新活动方式、新型创新主体的相似之处，论证了这些变化的要素之所以出现，是因为它符合司托克斯模型揭示的规律。我们则认为，民生科技从宏观上讲是巴斯德式创新在科技哲学与价值观层面的升华，从创新活动及其组织模式角度看是巴斯德式创新的组织化。在关注解决民生实际问题的科技工作导向和创新体系结构中，技术成功不再是衡量创新的第一要素，技术同其他技术、同其他非技术因素之间的良好互动，促成了创新产品的应用，提高了创新系统中生态因素的重要性，导致静态的创新系统向动态的创新生态系统发展。

1. 指向民生科技的巴斯德式创新观念与组织模式

民生科技这一概念中蕴含的观念性因素，如对需求的积极响应、以解决问题为导向、重视研发端与应用端的结合等，是对现代巴斯德式创新在价值观上的提炼、升华和延伸。巴斯德式的研究，在司托克斯模型中仅作为创新活动的一个部分；但在现代复合性科技创新的语境下，这种面向应用、以应用问题带动基础研究的态度，某种程度上已经成为了创新思想的主流。技术创新价值链从垂直一体

化向模块化演变，创新的每一个环节都转化为一种模块。研发机构组织机制的竞争成为科技竞争的重要方面，决定了能否实现成果的快速市场化应用，形成整体竞争优势。

民生科技同巴斯德式创新相似，要求组织模式的改革，在科技项目工作层面上，是巴斯德式创新的具象化。在民生科技的实践中，创新成果或直接为民众所用，或交给生产产品、提供服务的企业，或帮助改进政府部门的公共服务。为了贯通知识—创新成果—具象化的产品与服务这一链条，势必要对创新系统的组织方式和主体关系进行调整，这与巴斯德式创新对创新组织模式的影响是相通的。巴斯德式创新在产业界的起源主要是企业作为创新主体，为了更好地应对市场需求，需要外部力量和资源的参与，以针对应用性目标解决一些企业无法独自解决的基础性研究问题，由此导致了产业共性技术研究院的出现和已有创新组织形式的改变；而民生科技的起源则是政府作为整个创新系统的推动者和公共服务的提供者，要求全系统的创新倾向于解决民众面临的实际问题，为了应用性目标而开展一系列基础性和应用性研究，最终显著影响政府科技经费导向、科技项目重点领域，以及由公共经费支持的科技项目的组织与管理方式。如果说巴斯德式创新是企业自发寻求公共研究组织的帮助，民生科技理念带来的就是处于系统中的所有主体都主动地探索创新活动各环节同应用端的结合。这种理念促使政府创新战略的规划性增强，管理手段细化，各组织的交流更加畅通，可以说是巴斯德式创新的组织化。

2. 民生问题与产业创新：技术与非技术的创新生态

新科技革命背景下，面向应用、旨在解决民生问题的巴斯德式创新活动促进了传统业态的改进和新业态的形成。

巴斯德式创新以面向应用、解决民生问题为目标，较之纯粹追求探索真理的基础研究，同产业活动的关系更加密切。随着直接指向需求的创新规模不断扩大，创新活动与产品的市场成功、与企业成功的关系日益受到人们的认同。在当代创新系统中，若要追求科学研究和产业发展的共赢，就需要格外重视巴斯德式创新，特别是与民生密切相关的传统产业的巴斯德式创新。这种创新不一定是纯粹的科学知识创造，更多的是将外部显性知识转化为内部隐性知识的过程，本身是一种再发明的过程；而这种再发明能否成功，同发明本身对知识领域和科学领域的创造性价值并无绝对的正相关关系，更要看技术与技术之间、技术与产业之间的创新生态是否融洽。

在巴斯德式的产业创新中，创新生态成为决定创新能否实现改善民生、获得市场价值目标的决定性因素之一。这主要体现在以下几个方面。

其一，创新技术与其他技术的生态决定了技术能否获得应用。单个创新技术是否能够真正被应用到生产之中，有时并不取决于该项技术本身的科学突破。与该技术共同应用于产品的其他技术是否足够成熟，是否能够在节约成本的情况下实现更高的商业利润，才是技术可否获得应用的更重要标准。

例如，商用化发光二极管（LED）的技术在 1965 年就已经诞生。但是，这一技术在照明产品中的普遍应用则要推后至 20 世纪末。这并非由于 LED 技术本身的稳定性有什么问题，而是因为同其他技术相比，受到材料和工艺限制，LED 的照明效率偏低，所以抬高了单位成本。例如，第一代的商用化红色 LED 效率为每瓦大约 0.1lm，仅为一般的 60~100W 白炽灯效率的 0.06% 左右。在这种情况下，应用 LED 作为商品显然在生产成本和市场需求等方面都不占优势。而 LED 技术真正获得大规模市场化应用，很大程度上是依靠新材料技术的发明和发展。

20 世纪 90 年代后期，通过蓝光激发 YAG[①] 荧光粉产生白光的 LED 被研究出来，但色泽不均匀，使用寿命短，价格高。随着技术的不断进步，近年来白光 LED 的发展相当迅速，白光 LED 的发光效率已经达到 38lm/W，实验室研究成果可以达到 70lm/W，大大超过白炽灯，向荧光灯逼近。现在，效率最高的 LED 是用透明衬底 AlInGaP 材料做的。1991~2001 年，材料技术、芯片尺寸和外形方面的进一步发展使商用化 LED 的光通量提高了将近 30 倍。

随着人们对半导体发光材料研究的不断深入，LED 制造工艺的不断进步和新材料（氮化物晶体和荧光粉）的开发和应用，各种颜色的超高亮度 LED 取得了突破性进展，其发光效率提高了近 1000 倍，色度方面已实现了可见光波段的所有颜色，其中最重要的是超高亮度白光 LED 的出现，使 LED 应用领域跨越至高效率照明光源市场成为可能。而 2013 年，我国 LED 市场全年产值已经有 5000 多亿元，LED 已经大面积取代了白炽灯，成为家庭、办公、道路等各种场所及景观灯光的首选照明。LED 技术的普遍应用，同与之相配的新材料技术发明、制造工艺发展改进等不可分割。

其二，技术与非技术因素的生态决定新产品能否成功。在企业对技术项目进行筛选、政府或第三方机构分析应资助哪些企业的创新工作时，技术的创新性和领先性只是项目选择标准之一。各类技术项目评审过程中，对产品是否投产的预测和判断起到决定性作用的往往更多的是组织战略、组织模式、商业论证、组织需求等因素。也就是说，创新技术与非技术因素的生态决定了新产品能否真正生产出来，也影响着新产品获得市场成功的可能。以创新基金评审指标体系为例，评审指标通常分为对项目本身的评价和对企业财务的评价，而项目技术本身的创新性评价仅占评价指标的很小一部分。尽管技术指标是否先进对评审能否通过至

————————

① YAG 是钇铝石榴石的简称。

关重要，但技术项目选择还要看技术发展战略、企业能力、市场需求、后续开发空间等多方面条件。技术同高层次战略是否吻合，项目承担主体是否具备足够的经营、人员和财务实力，技术项目产业化基础强弱，产品市场需求程度与竞争优势，产品开发和生产策略的合理性，市场营销策略等诸多因素，共同决定企业技术项目是否具备实际展开的机会，也就是创新技术是否能够得到资金支持、实现产品化。为实现技术的市场化应用，在现代指向民生的创新系统中，技术与非技术因素、与系统内其他因素的互动生态，其重要性日益上升，一定程度上促成了创新系统理论向创新生态系统理论的演变。

3. 民生科技：从创新系统到创新生态系统

在民生科技语境下，民生需求成为创新全链条的目标，即围绕一个应用性的核心开展有系统的创新活动。在个性化发展的现代社会，民生需求个性化、分散化的特点十分明显，创新要解决的也不仅仅是产品层面的开发，更有基础科学层面、前沿战略性科技层面等多方面的任务。这些活动的最终目标都是民生应用，而性质和学科领域却差异极大。从这个角度看，创新活动的性质变得前所未有地复杂。结合前文的讨论，创新系统中主体的定位同样面临前所未有的复杂性和动态性。作为创新系统的研究者，这使得我们要从以往关注要素构成和资源配置问题的静态分析，演变到关注各创新行为主体之间的作用机制的动态演化分析，也就是在现代创新生态系统理论框架下探讨民生科技。

创新系统内部的互动关系早已是研究界的热点话题。从本节开头引用的布什模型开始，施穆克勒的需求拉动模型、莫厄里和罗森伯格的推拉双动模型，乃至司托克斯模型，对创新模型的认识逐渐从线性模式发展到非线性模式（曾国屏，2013）。创新系统自身的发展，越来越强调创新要素之间的协调整合形成创新生态，这样的创新生态导致了创新系统突出具有"动态性""栖息性"和"生长性"等新特征，创新生态系统诞生了。

美国总统科技顾问委员会发表的《创新生态中的大学与私人部门研究伙伴关系》对创新生态系统的行为模式作了如下阐述："这个生态系统包括从学术界、产业界、基金会、科学和经济组织和各级政府的一系列的行动者。在广泛承认其非线性和相互作用的同时，创新过程可以看作是产生出新知识（教育和培训）和技术（开发和商业化）两者的过程，这是一个从基础发现的研究运动到市场的过程。在这个模型中，主要是由联邦政府和私人基金会所资助的基础科学的结果，被转译成为应用科学和基础技术，此时的研究相应地是由种种的公共和私人实体所资助，而随着科学和（或）技术走向成熟，风险资本也往往提供了额外的资助。如果研究的结果是成功的、适合于市场的，它们就变成了驱动经济的商业的（或公共受益的）过程和产品。许多条件会影响这个生态系统，例如法律和监管考虑。创新生态系统并非按照明确定义种种行动者的作用而严格规划。结果是，每个行动者的相对位置以及鼓励或阻滞创新过程的条件都会连续不断地变化。"创新生态系统这一概念强调了系统的自组织生长性。一个创新生态系统必定是自组织的生态系统。系统中各个要素（物种、群落、生境等及其形成的食物链、生态链）的相互联系、相互制约，要求各个创新主体的共生共荣导致了创新生态系统具有自维生、自发展的鲁棒性，并保持不断演化、不断促进优势新物种的成长、不断自我超越的能力（曾国屏等，2013）。

创新生态系统由各种各样的成员组成，各成员间存在各种复杂的关系，既有垂直关系，如供应商、消费者、市场中介机构等之间的关系，又有水平关系，如竞争对手、其他产业的企业、政府部门、高校、科研机构、利益相关者等之间的关系。每一种关系内部都再度构成一个小型的子系统，同外部其他子系统处在开放的交流状态中，子系统内部、子系统之间、整个生态系统内部呈现出一种多维演进的复杂网络结构，因而具有自身所在系统未有的特性和功能。

如前所述，民生问题的复杂性使企业面临着跨领域创新的压力，需要寻求其他创新资源提供者的帮助，而在这种寻求和联系之中，更多适应民生科技要求的中介机构产生出来。民生科技产品与服务不断获得用户的反馈，这种反馈又在现代信息技术的帮助下，迅速被创新生态系统中的每一个成员所获得，并使它们不断修正、调整自己的行为和形态。创新生态系统就这样诞生了。

第二章　宜居化与民生科技：走向世界城市

纽约、伦敦、东京作为得到普遍认可的世界城市，在城市体量、经济水平、文化影响力等方面，都处于全球城市中的顶尖地位，兼具强大的硬实力和软实力。纵观 3 市近 10 年的城市规划和管理文件不难发现，3 座城市都十分重视不断改善城市居住环境、提高宜居程度。这不仅反映在城市整体规划方针中，也反映在解决各个主要民生领域中的具体问题上。

第一节　纽约的城市规划与民生科技

纽约是美国最大的城市和第一大商港。在经济产业结构方面，纽约是历史悠久的全球金融中心。以华尔街为象征标志的曼哈顿金融区直到今天仍对全球金融市场拥有巨大控制力。纽约市内服务产业与创意产业发达。纽约是联合国总部所在地，国际移民众多，依托丰富的高等教育资源和宽容的文化融合制度吸引和吸收外来人才力量。在城市支撑条件与宜居程度方面，纽约的人均绿化和住房面积大、城市配套设施发展成熟，形成了以创意产业为工业主导方向、以金融控制力影响全球的现代化城市格局。

一、宜居规划与可持续发展

《纽约规划》将城市发展目标总结为：建设更绿、更伟大的纽约，并为 2030 年的纽约设立了 10 个主要工作目标：在住宅与社区建设方面，为 100 万新移民提供住宅，增强社区居民的联结；在公共空间方面，保证每一个市民都可以在离家步行 10 分钟的距离内进入公园；在土壤环境方面，完成对城市管辖范围内所有污染土地的修复；在城市水道方面，通过进一步净化城市河流，实现海岸线水环境的修复；在城市供水方面，保证居民用水供应；在交通运输方面，完善公共交通并提升运输网络的质量；在能源方面，降低能耗、提升可再生及清洁能源使用率；在空气质量方面，使纽约成为美国大型城市中空气质量最高的城市；在固体垃圾处理方面，实现可再生化的固体垃圾比例要超过总量的 75%；在气候改善方面，温室气体排放量在现在的水平上再降低30%。总体来看，在这10个目标中，8项与城市环境有关，其余2项则直接关系到居民日常生活体验，显现出纽约市政府在提升城市宜居水平上的决心。

1. 可持续的城市规划

纽约的城市规划重视未来发展，整合各方面利益诉求，具有明确的城市发展导向，集中了公共与私人的各种资源，体现着超前的规划理念，同时兼具高度的公共利益取向和公众参与度，借助大都市圈规划实现城市间协调发展。纽约的长期规划往往着眼于未来30年、50年甚至100年里的社会经济发展趋势与问题，从人口增长态势、自然资源供给、环境变化及新经济增长等方面进行系统、科学的分析和预测，从而为制定城市总体规划提供科学依据。"立足生态，立足发展"是21世纪美国制定城市规划蓝图时的重要理念之一。就执行效果上看，纽约富有前瞻性的城市产业结构、相对于人口密度而言较高的宜居指数、虽受各种冲击仍然地位依旧的国际金融中心角色等，都与城市科学的规划有直接关系。

自1920年以来，纽约区域规划协会先后对纽约市所在的纽约大都市圈作过3次较大规模的区域规划（表2-1）。从3次大都市圈规划来看，其主旨从再中心化到可持续发展，始终关注城市的整体联动和区域协调。由于纽约大都市圈位于大西洋沿岸，港口一直是该区域发展的基础。纽约大都市圈在世界城市中的地位，以及对于世界经济的影响力，均来自大都市圈内的分工合作式功能格局（林兰，曾刚，2003）。

表2-1　纽约大都市圈三次规划的主要内容

	编制时间	规划背景	规划主题	规划思路
第一次规划	1921～1929年	需要解决城市无序蔓延、开敞空间缺乏等问题	再中心化	将城市功能布局原理应用于大都市圈规划；提出加强中央商务区建设，建立区域性公路网、铁路网和开放空间系统
第二次规划	1968年	第二次世界大战结束后，以公路建设为导向，低密度郊区迅速蔓延，形成"铺开的城市"	抑制城市蔓延	强调大都市圈"再聚集"；复兴旧城；修改新住宅政策；继续关注区域景观与交通
第三次规划	1996年	20世纪末，纽约国际金融中心地位受到威胁，社会出现分化，环境质量下降	经济、环境与社会协调发展	规划理念重大改变，提出经济、环境与社会公平目标应同等重视；并实施五大战役，实现其可持续发展

具体到城市民生方面，纽约在垃圾处理系统、屋顶绿化设备等方面进行的大量工作，反映出整个城市对提高民生质量、实现可持续发展进行的不懈努力。

2. 与宜居有关的重点工作

（1）垃圾收集系统。纽约市拥有美国最完备的城市固体废弃物收集系统，是全国废弃物回收率最高的城市。纽约市制定了详细的《废物回收再利用法》。纽约市人口高度密集，住户多为高层楼房居民，开展废物回收活动容易见效。另外，在垃圾填埋处理方面，纽约市的垃圾处理主要渠道——弗莱什·基尔兹垃圾卫生填埋场已于 2006 年关闭，从客观上促使纽约在垃圾资源化和废弃物再利用上寻找新出路，做到尽可能减少垃圾的产生，从而大大提高废物回收率。

从表 2-2 和表 2-3 不难看出，纽约市的城市固体废弃物公共收集系统不仅是美国最完备的，也是唯一一个对所有居民家庭提供垃圾收集服务的城市，纽约市的固体废弃物处理预算、收集量、垃圾处理的普及程度都要比其他几个城市多得多。

表 2-2　美国 9 大城市固体废弃物收集和资源垃圾回收情况

	纽约	洛杉矶	芝加哥	休斯敦	费城	菲尼克斯	圣安东尼奥	圣迭戈	达拉斯
人口/万	742	382.3	278.4	186.6	143.2	126.4	117.2	127.7	107.6
家庭总户数/万	335	122	102.5	39	56.5	46.1	31	45.4	40.2
平均家庭人口/人	2.2	3.1	2.7	4.8	2.5	2.7	3.8	2.8	2.7
固体废弃物收集户/万户	355	72	73.5	26	54.7	32.5	28.8	27	23.2
资源垃圾回收户数/万户	335	72	73.5	23.2	53.4	32.5	28.8	27	23.2
享受收集服务户数比例/%	100	59	72	59	94	71	93	60	58
公共机构收集量/万吨	370.2	85.1	87.1	52.6	64.7	57.4	32.6	44.4	49.3
私营公司收集量/万吨	321.4	267.3	176.2	0	171.9	0	2.2	26.6	46.2
公、私收集总量/万吨	691.6	352.4	263.3	52.6	236.6	57.4	34.8	171	95.5

资料来源：美国《生物循环》杂志，固体废弃物处理状况 2000 年度调查

表 2-3　美国 9 大城市废物回收及有机物收集数量

	纽约	洛杉矶	芝加哥	休斯敦	费城	菲尼克斯	圣安东尼奥	圣迭戈	达拉斯
路边回收量/吨	671 350	180 801	90 498	54 371	44 435	106 900	25 450	31 277	7 632
有机物回收量/吨	9 040	175 627	167 389	37 054	6 183	15 685	23 559	84 412	
废物回收总量/吨	684 130	356 430	358 227	93 066	53 071	142 383	49 453	115 689	8 674
有机物收集百分比/%	1.3	49.3	46.7	39.8	11.7	11.0	47.6	73.0	
私营部门回收量/吨	89 600		844 089		161 855				
建筑垃圾回收量/吨	1 543 800		1 197 831		407 385				

资料来源：美国《生物循环》杂志，固体废弃物处理状况 2000 年度调查

纽约市的废物回收统计数据是在辖区范围内进行的，而市内大部分废物被运送到市外进行加工，这些地方的废物回收数据统计起来非常困难，因此纽约市的废物回收量相对较低。根据纽约市市政网站统计，纽约市的废物回收总量应比表 2-3 中数字高出 5~6 倍。与其他几个城市相比较，纽约市的废物回收率是最高的。

（2）屋顶绿化政策与建设。纽约在城市绿化方面比较有特色的做法当属屋顶绿化。其原因是由于纽约市环境面临着两方面的挑战：一是降水和地下水给城市水系统带来污染，每年 4 亿加仑①的城市降水和生活废水流入纽约水系；二是城

① 1 加仑（美）≈3.785L；1 加仑（英）≈3.785L。

市热岛效应让纽约市中心比周围区域温度高 2 ～ 3℃。上述两方面环境的挑战，成为屋顶绿化得以在纽约发展的原动力。这一典型政策的实行，有效提升了纽约的人均绿化面积，改善了空气质量。

纽约的屋顶绿化政策和建设，主要集中在以具体的实验和测试将屋顶绿化所能带来的效益进行量化的方向上。屋顶绿化政策的统合领导是名为地球诺言基金会（Earth Pledge Foundation，EPF）的非营利性公益组织，它集合了各个对屋顶绿化感兴趣的利益方来共同分析和调查屋顶绿化的费用及效益。EPF 为帮助政府评估屋顶绿化是否对本地生态有益，以及协助政府制定屋顶绿化政策进行了诸多工作：一是投入自主掌控的研究资金，对屋顶绿化进行损益分析；二是对公众进行教育，推广屋顶绿化知识，使公众认识到自己有能力在纽约推广屋顶绿化；三是直接建设屋顶绿化工程。

具体到项目实施方面，EPF 内包含若干子项目：一是由政府官员组成的政策研究小组——"纽约屋顶绿化政策行动小组"；二是为传播屋顶绿化专业技术而由工程师、建筑商、开发商、教育者、社区人士和环境组织组成"屋顶绿化同好交流小组"；三是为专业人士、政策制定者和公众提供资讯在线资源——"屋顶绿化工具箱"；四是针对不同专业领域开展"屋顶绿化结构研究""屋顶绿化降水模型"和"屋顶绿化生态结构研究"等；五是针对土地生态再生创建资讯性网站"http：//GreeningGotham. org"；六是针对低收入社区推广屋顶绿化环境、健康和社会效益的鲜绿（viridian）项目，以及出版专业图书《屋顶绿化：生态设计和建设》。

二、民生科技工作内容与启示：注重社会安全，推进环境修复

1. 主要民生科技工作内容

纽约市政府 2011 年 4 月最新修订发布的《纽约规划》官方文件中提出了 10 个主要领域，并进而细化出了 40 项具体工作重点。

在城市规模和人口上，纽约市政府预计，到 2030 年，全市人口将超过 900 万，城市规模也将进一步扩大。因此，未来城市管理工作的重点将是解决交通拥堵、完善市政设施、改善空气质量、保障交通安全，从而增强新移民的归属感，提升居民生活质量。在经济上，由于高昂的生活成本、产业结构的变化及城市软环境优势减小等原因，纽约市对外来高技术移民的吸引力正不断下降。所以，纽约计划继续发展新兴产业、构建宜居城市，以吸引更多全球顶尖的人才。在环境上，由于城市规模大、建筑密度高，温室效应对纽约市将产生更为剧烈的影响；此外，纽约市临海的地理特点、相当高的碳排放总量，也使得政府格外关注节能减排领域的工作。

在健康领域，纽约根据本市的产业结构，特别提出要针对白领工作者多发

的亚健康症状设计解决方案。在安全领域，除常规城市公共安全工作之外，纽约市人口密度大，企业总部多，为防止可能再度发生的严重恐怖袭击事件，该市明确提出了检测、防控危险品等多项重点工作；同时，针对城市部分区域人口流动性大、新移民和地下移民多等特点，纽约市也较为重视失踪人口的登记、寻找与救助。在环境方面，纽约市的工作安排比较全面，特别强调对大气、城市河流、土壤污染的实时监测。在城市管理方面，纽约市已有的公共服务设施水平较高，未来更加注重通过缩短通勤时间、改善城市环境等手段，提升宜居程度。

2. 相关启示

纽约民生科技工作设计的突出特点是，针对每一项任务，抓住任务面临的核心问题，采取技术与管理并重的方式，细致安排分步目标，并根据各项任务的紧迫程度进行先后顺序设计。例如，针对城市空气质量保护工作，《纽约规划》以当前影响城市空气质量的最主要问题（即交通废气和建筑粉尘）为切入点，强调要通过开发新技术、推广新产品、提高现有防治措施的效能、在整个社会制造改善空气质量的舆论氛围、更新相关各项标准与管理条例等途径，从技术、管理与社会多个角度全面推进对重点问题的整治。在细节规定中，纽约市政府对每一项任务都尽可能采用定量与软性评估指标相结合的形式，指明责任部门，保证任务能够得到切实推进。从联动机制上看，纽约市有关城市民生问题的各方面工作计划得到了较好的联动执行，其参与主体不仅包括政府各职能部门，也包括了各类基金组织和非政府组织，调动社会各界力量参与民生科技工作。

第二节 伦敦的城市规划与民生科技

伦敦是英国的首都、第一大城及第一大港，也是欧洲最大的都会区之一兼世界四大全球城市之一。伦敦拥有深厚的历史底蕴，十几年来专注建设文化创意城市，外国籍常住人口极多，城市宜居程度很高。总体而言，伦敦极高的文化辐射力、活跃的国际交往、发达的服务业与创意产业等均位居国际领先水平。伦敦近年的发展情况呈现出以下几个特点。

首先，人口数量保持增长，少数族裔移民比例继续升高。2009 年，伦敦市总人口为 775 万，较前一年增长 8.5 万；新人口来自于较高的自然增长率（根据伦敦市政府 2011 年统计，伦敦市人口自然增长率在 2009 年为 38‰，英格兰及威尔士的其他地区平均值仅为 14‰），以及大量增长的国际移民。在人口结构方面，尽管英国政府近两年来采取了一系列控制移民人口的签证政策，但伦敦市政府预计，直到 2031 年，伦敦市仍将保持移民人口数量的正增长。

其次，城市居民收入水平两极分化，生活成本十分昂贵。虽然近20年伦敦城市经济结构的转型比较成功，但部分原住民仍处于相对贫困的状态；来自发展中国家的有色人种移民大量涌入更加剧了伦敦城市居民经济水平的两极分化。新移民往往缺乏英语语言能力和工作技能，因此出现了大量没有稳定收入来源的贫困人口。此外，伦敦市的生活成本相对较高，根据美国美世咨询公司定期发布的全球生活成本城市排名，在2008年经济危机之前，伦敦城市物价水平一度超越纽约，高居欧洲第一位。随着经济危机的爆发和欧洲货币的不断贬值，其城市物价水平略有下降，但仍长期保持在欧洲最昂贵城市前10名之内［根据美世公司（Mercer LLC）2012年统计，2012年3月居欧洲第6位］，这也为新移民的生存和融入带来了一些困难。

再次，环境问题得到了较好的治理，但仍需设法应对长期气候问题。伦敦是英国第一大港，目前该市约有150万人生活在可能遭受洪水威胁的地区，地理位置决定这座城市始终非常重视全球变暖，以及由此导致的海平面上升和干旱等气候问题。因此，采用清洁能源、发展低碳经济，成为伦敦近年环境治理的关键词。

最后，在城市软环境方面，伦敦市需要解决的问题还有在2012年奥运会结束之后，对相关设施的再利用；进一步提高公共交通的使用效率，缓解城市中心区地面交通压力；继续推进城市管理、环境和公共安全领域工作，以提升居民生活质量及幸福感；等等。

一、绿色大都市圈规划与管理

伦敦市政府为伦敦市未来20年的发展制定了六大目标：顺利应对经济形势及人口增长的挑战；保持国际竞争力；以开放包容的管理增强各种族居民的归属感；通过建筑设计和城市绿化建设美丽城市空间；在低碳发展方面为世界作出表率；缔造方便、快捷、安全、高效的城市生活环境。

1. 国际知名的绿带规划

19世纪城市规划的领导思想是建设绿色斑块，即公园；20世纪的重点思想是建设绿带，即公园道或者绿色通道；到了21世纪，多样化的城市开放空间成为规划主流。绿色不仅限于街道、广场、公园，兼具自然特征和生态价值的绿色通道为城市规划提供了重要的环境保护手段，成为保护城市生态结构、功能，构建城市生态网络和城市开放规划的核心。伦敦正是践行这一城市开放绿色空间规划的先驱者。现在，大伦敦绿带仍是其他发展中的大城市效仿的对象。20世纪40年代由阿伯克隆比主持的《伦敦规划》中制定伦敦城中应有宽度约 5 mile① 的绿环，之后到 70 年代初，又进一步把一些乡村公园等扩大成区域性公园，确认绿环价值，并扩大绿环面积达到 900 mile²。逐步规划、改建、还原自然，使伦敦外围形成多层次的环状绿带。目前，伦敦城市外部的绿带维护情况良好，在改善城市居住环境、保护周边生态等方面发挥着重要作用。

2. 与宜居有关的重点工作

（1）污染削减和治理：发展公共交通。20 世纪初，伦敦人大部分都使用煤作为家居燃料，产生大量烟雾。这些烟雾再加上伦敦气候，造成了伦敦"远近驰名"的烟霞，英语称为 London Fog（伦敦雾）。因此，英语有时会把伦敦称作"大烟"（The Smoke），伦敦并由此得名"雾都"。1952 年 12 月 5 日至 9 日，伦敦烟雾事件令 4000 人死亡，政府因而于 1956 年推行了《空气清净法案》，于伦敦部分地区禁止使用产生浓烟的燃料。时至今日，伦敦的空气质量已经得到明显改观。

随着社会发展，交通污染取代了工业污染，成为伦敦空气污染的首要来源。近年来，英国政府出台了一系列限制汽车尾气排放的措施。例如，推广使用无铅汽油；在车辆年检中，严格检测尾气中的一氧化碳、氮氧化物和碳氢化物等的排放是否达标；在市中心设立污染检测点，警察可拦截有过多排污迹象的车对其进行测试，并有权对未通过测试的车主实施罚款。2003 年，伦敦市政府出台了"堵塞费"措施，对进入市中心的私家车征收"买路费"，由此获取的收入完全用于改善伦敦公交系统。2007 年，伦敦市又公布了更严厉的《交通 2025》方案，限制私家车进入伦敦，计划在近 20 年的时间里，减少伦敦私家车流量 9%。这一方案既有利于解决市区交通堵塞问题，也可改善空气质量。

（2）利用严格的土地使用许可制度保证绿地与人均住房。伦敦的土地使用许可体系是保证环境质量的重要环节。英国是世界上最早颁布可持续发展规划的国家，其规划体系由国家级规划、区域性规划、郡级规划和区级规划组成。每一项土地开发利用，不论是居民住宅建设还是企业扩建工程，都需要经过规划许可。申请规划许可必须有严格的环境影响评估，否则难以通过。英国的土地规划一经通过，执行起来非常严格。伦敦 2012 年奥运会的场馆和奥运村建设虽然有及时执行的必要，但对环境的评估同样严格。另外，英国的申请规划许可也十分透明，一切报告都需公开提供，并且必须经过公众咨询阶段，公众有质疑权乃至否决权。严格的规划和听证过程，保证了伦敦市内绿地的建设，使伦敦在绿地环境方面处于世界公认的领先地位。

① 1 mile≈1.61 km。

二、民生科技工作内容与启示：保护弱势群体，发展都市圈绿化

根据伦敦市政府 2011 年发布的伦敦城市规划，从城市居民、城市空间和城市环境等角度设置了 20 年建设的基本方向。其中主要包括城市区域、居民生活、经济、气候应对、交通运输、居住与城市空间等。在 6 个领域下细分出了 22 项重点工作。

1. 工作内容

伦敦在民生科技领域的指导思想与纽约类似，即不断改善城市软环境、提升宜居度。在健康领域，伦敦市组建了专门的心理援助机构，协助少数族裔与语言能力较弱的人群融入城市生活。在安全领域，根据伦敦市 2012 年的一份报告，2009～2012 年该市由于发生火灾而报警的电话数量占据各类报警总量的 58%，所以消防安全成为了伦敦市在该领域最关注的工作。此外，伦敦市民生科技工作的特点在城市管理领域体现得较为明显，为了更好地发挥自 20 世纪 70 年代开始全面建设的伦敦绿带的作用，市政府特别将都市圈生态保护工作也作为重点之一。

2. 相关启示

伦敦市当前在民生科技领域工作的重点是利用奥运会后遗留的各类设施与各项技术成果，结合伦敦市近 10 年来"科技城"（Tech City）战略，以协助解决长期存在的就业率低、少数族裔聚居的旧社区缺少现代化生活设施、交通拥堵等社会民生问题，并继续推进城市绿化、生态圈修复等城市长期战略。为了更好地利用奥运遗留的高端技术，伦敦市在对接需求、改良成果应用形式等方面作出了大量努力，定期通过网站向全市企业征集有发展前景的技术、向居民征集生活中的问题，并以洽谈会、短期展览会等形式协调技术成果与需求的对接。

第三节　东京的城市规划与民生科技

东京是日本的首都，也是亚洲的核心城市之一。在经济、文化方面，东京集中了大量世界 500 强企业总部和 500 强高等教育机构，它们经济实力雄厚，研发经费占国内生产总值（GDP）比重高；在国际交往方面，东京每年均举办多种有重要影响力的各领域国际交流活动；在城市支撑条件方面，东京建有完备的轨道交通，坚持低碳化发展；此外，东京也是日本全国的政治、商业、文化教育中心，拥有广阔的经济腹地。总体上，东京在工业实力、区域影响力、文化教育与媒体资源集聚等方面表现出了突出优势。

东京的人口问题始终比较突出。由于日益加剧的老龄化和始终没有得到有效缓解的出生率低下等问题，日本人口与统计部门预测，东京市在 2010~2020 年将发生人口的负增长，这一趋势将至少保持到 2030 年。同时，东京市老龄化趋势近年来急速加剧，根据国立社会保障和人口问题研究所 2010 年统计，东京市 65 岁以上居民已占总人口的 20.4%（2005 年为 18.5%），老龄化水平远高于其他发达国家（图 2-1）。

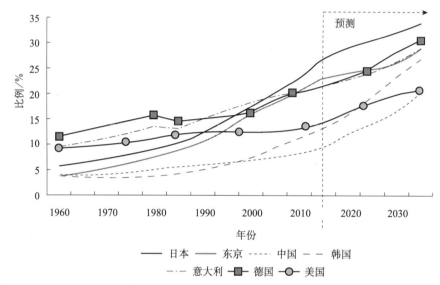

图 2-1 几个主要国家和城市的老龄化比例
资料来源：东京都知事本局，2020 年の東京，2011.12

在经济方面，近年来日本经济的国际竞争力正在降低，OECD 加盟国中的人均 GDP 排名从 2001 年的第 3 位降到了 2011 年的第 19 位。为了更好地发挥东京产业集聚的合力，在日益激烈的国际城市竞争中占据主动，东京政府准备在多个方面着手开展工作：一方面通过各种形式的教育培养年轻人才；另一方面采取措施，发挥城市中集聚的高端人才的创意和能力。

在环境方面，东京地处地震、台风等自然灾害多发的日本，并且遭受过严重的恐怖主义袭击（如 1995 年地铁沙林毒气事件），因此在处理突发事件和进行危机管理中拥有比较丰富的经验。从 2002 年开始，东京市政府提出了"面对多样的危机，建设能够迅速正确应对的全市体制"战略，首先改变了以过去防灾部门和健康主管部门等为主的部门管理方式，采取了整个政府行动的一元化管理体制。2011 年东日本大地震发生后，东京一方面为受灾地提供援助，另一方面强化城市的防灾设施，提出了保障灾害发生时的电力供应、保障老年人和行动不便群体受灾时的自救与救援等工作重点。

一、城市发展：节能低碳产业

东京市政府为城市未来 10 年的发展制定了三大目标。第一，强化自然灾害的防控。在 2011 年的大地震中，东京市部分地区受到波及，出现了停电、交通断绝等问题，引起居民强烈不满。因此，东京市政府计划，在技术层面不断增强监测预警水平，在社会管理层面着力加强防灾救灾软环境的构建。第二，发展自给自足的都市电力。同样基于大地震后的经验，东京市政府计划大力发展清洁能源、建造市内发电设施，使城市在外部能源供给断绝时也能够保持基本运转，提升居民安全感。第三，强化国际竞争力。政府计划结合东京市现有条件，大力培养年轻人才，支持中小企业发展，同时吸引国际投资，使东京成为全日本"重生"的代表。总体上看，东京未来 20 年的规划相对更加重视防灾减灾，并重视以新型产业带动经济发展、缓解环境压力、提高公共安全。

1. 低碳的大都市圈规划

日本东京的城市规划始于 20 世纪 50 年代。日本城市规划学会、首都圈建设委员会分别于 1954 年及 1958 年对东京及周边城市形态与规模进行了研究，并根据"大都市否定论"与"大都市肯定论"提出了多种发展模式的比较方案，在此基础之上，委员会参照 1944 年的大伦敦规划于 1958 年编制了第一次首都圈建设规划。第二次首都圈建设规划 1968 年发布，第三次首都圈建设规划 1976 年出台，第四次首都圈建设规划于 1986 年制订，这次规划基本上延续了第三次规划的思想，对周边核心城市进行了调整，提出了进一步强化中心区的国际金融职能和高层次中枢管理职能的设想。东京的几次都市圈规划，虽几经波折，但除未能实现绿化带设想外，"新城"、城市轨道公共交通体系等现代城市建设都在不同程度上得到了体现。

日本全国均为岛国，始终极为关注温室气体排放、全球气温上升等气候问题，以及由此而来的海平面上升问题。因此，东京的城市规划特别强调低碳城市建设。2006 年东京都政府出台"10 年后的东京——东京的变迁"计划，提出了具体的减排目标，即 2020 年东京的碳排放量在 2000 年的基础上减少 25%，拉开了建设低碳社会的序幕；2007 年 6 月发表《东京气候变化战略——低碳东京十年计划的基本政策》，详细制定了东京政府应对气候变化的中长期战略。面对能源危机，东京大力研究、开发与利用绿色低碳能源，包括太阳能、生物质能源、风电、水电的新技术、新工艺。至 2008 年，东京使用一次能源的比例增加，减少利用碳基能源（石油、天然气、煤炭），核能与水电等清洁能源的使用也呈下降趋势（图 2-2）。碳基能源总体的使用概率持续下降，这表示东京的能源结构呈现清洁化程度提高的走势。

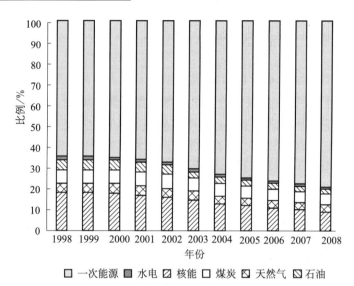

图 2-2　1998~2008 年东京能源结构图

资料来源：日本総務省統計研修所, 2008

受到本国地理条件的限制，降低碳排放量以遏制全球变暖趋势，对东京而言是攸关生存的必要政策。为此，东京大力调整产业结构，服务业所占比重在几大世界城市中排名前列；在人口密度较大、绿化程度较伦敦等世界城市为低的情况下，推行坚决的环境保护政策和行之有效的减排措施，采取全面多样的可持续发展政策。

2. 与宜居有关的重点工作

（1）垃圾回收与污染治理。东京都包含区部（23 区）、多摩地区和港岛地区，在垃圾回收、运输和处置方面，东京都政府和 23 区政府长期以来有较大的分歧。为了解决这些问题，东京都政府和各区政府在 2000 年对部分地方自治法进行了修改，明确了废弃物回收、运送和处理的责任分工。从 2000 年开始，废弃物的回收、运输和中间处理责任全部交由各区负责，东京都政府负责最终处理。

为了更有效地回收和处理废弃物，23 区联合建设了废弃物中间处理设施。2000 年 4 月，23 区联合设立"东京 23 区清扫一部事务组合"，由这个组织来负责 23 区的废弃物中间处理和公共下水道的污水排放设备。东京 23 区清扫一部事务组合下辖中央清扫工场等 21 个清扫工场、品川清扫作业所（污水处理）、京滨岛不可燃垃圾处理中心、中防灰熔融设施、中防不可燃垃圾处理中心和大件垃圾破碎处理设施。其中，中防不可燃垃圾处理中心、大件垃圾破碎处理设施、破碎垃圾处理设施和中防飞灰熔融设施归由中防处理设施管理事务所管理。东京政府一直以来十分重视以垃圾分类和降低碳排放量为核心手段的环境保护措施，为了在有效降低碳排放的同时，保持自身的工业水平、不伤害地区产业带和市内工业的生产效率和效益，东京市政府制定了弹性灵活的碳排放交易体系，适应了城市发展的低碳化要求，也尽量维护了地区工业的发展。

（2）垂直绿化运动提高城市绿化面积。东京市立体空中绿化运动最早是由东京建设、造景等 48 家公司组成的高档天台开发研究会兴起的，后得到政府和市民的大力支持，出现了兴建"楼顶花园"和"阳台微型庭院"的热潮。此举一方面可以缩小温度变化幅度，防止建筑物裂纹，减少紫外线辐射，延缓防水层恶化，对建筑物本身起隔热节能和降低噪声的作用；另一方面随着植物覆盖率的提高，能够降低能源消耗，调节城市的温度和湿度，改善气候，吸收二氧化碳，释放氧气，吸附污染物质，净化大气。根据日本国土交通省 2006 年统计，东京市屋顶绿化率已达 14%。立体绿化不仅可以对人产生良好的心理效果，而且可以改善环境、净化空气、美化城市。

二、民生科技工作内容与启示：全面应对灾害，加强智能管理

东京市政府于 2011 年 12 月向市民发布了《走向 2020 年的东京》工作手册，其中列举了 12 项未来 10 年的城市管理工作重点，分别是抗震建筑、防火材料、自然灾害救援、提升城市发电能力、智慧城市建设、城市自然环境优化、城市内外交通优化、亚洲中心城市建设、儿童与老年的日常看护、就业援助、发展旅游业、全民健身。

1. 工作内容

针对城市发展中面临的主要问题，日本政府和东京政府近年来发布的多项工作计划中也涉及众多与民生科技领域有关的工作内容，如 2006 年 12 月日本国土交通省发布的《绿化政策的现状与问题》，2008 年 3 月东京市政府发布的《环境基本计划 2008》与《东京市保健医疗计划》，2011 年 3 月东京市政府发布的《绿色东京：10 年计划》，2012 年 3 月东京市政府发布的《低碳东京：10 年计划》，2012 年 11 月东京市政府修订发布的《东京地区防灾计划》（分为地震灾害、气象与洪涝灾害、火山灾害、大规模事故、核能泄漏灾害 5 个分册）等。

东京在健康领域工作中，强调对老龄化趋势的预测性处置，如加强对社会问题与技术需求的预测，重视发展针对老年人的智能医疗技术与服务；此外，为应对出生率低，父母均有工作无法全天候照料小孩，而家中老人高龄化程度加剧（2010 年，65 岁以上人口占全市人口的 23%，根据日本学者的预测，2020 年 70 岁以上人口将占东京总人口的 1/3）无法照料孙辈等情况的出现，东京市政府也推进了一系列工作，旨在利用远程通信、智能医疗等技术手段，为少年、儿童群

体提供服务；再有，针对城市生育率低、自杀率高等特点，东京市也安排了各种应对手段。同时，东京市在安全领域进行了多角度的规划，尤其是针对自然灾害发生前的监测、信息交流与传播、预备能源的储备，以及针对灾害发生后的各类紧急应对、救援等情况，设计了大量细致的工作方案。另外，由于日本岛国的地理特性，东京市在城市管理领域强调海、陆、空的交通运输网络建设，构建立体交通体系；为解决城市中心区人口密度过大、老住宅较多的问题，东京市政府特别提出要注重城市空间的合理规划。

2. 相关启示

东京市政府各主管部门之间的协作十分紧密。例如，在生态环境领域，环境主管部门、城镇建设主管部门、科技主管部门乃至市政府办公部门多管齐下，各尽其职，围绕一个统一的目标（即"2020年的东京"规划方针）分别出台相应的工作方案和实施细则，将生态环境领域的宏观发展目标依据各自职能进行拆解，规划措施严谨，工作细节明晰，分阶段设计合理。又如，在公共安全领域，2011年发生的大地震遗留问题仍是东京市居民关注的焦点，东京市政府采用软硬结合的管理机制，一方面加紧研究应用抗震防震的技术，另一方面进一步完善防灾社会组织网络，全面应对和解决民众关心的问题。

第二篇　首都民生科技发展指数

第三章　导论与指数设计方式

第一节　关于首都民生科技发展指数

从定性研究的角度看，无论是时间序列上纵向的发展趋势，还是省、市之间横向的比较分析，都可以证明民生科技工作在北京市科技工作中的重要地位，且重要性还在不断升高。然而，目前对民生科技工作在全市科技工作中的位置，相对还缺乏一种比较全面的定量研究。特别是近几年北京市在各个民生领域不断加大科技投入，经费投入的数字、新开展的项目、试点工程等数量急剧增多，但由于各类统计的统计口径不同，对民生科技的范围也没有一种比较受到公认的划定，仅通过各门类工作的简单列举，很难判断民生科技在地区整体科技发展中的地位，对北京近年来民生科技工作投入产出的发展趋势还缺乏系统的实证研究。

因此，本书选取直接影响民生、创新活动比较活跃的国民经济行业，并结合民生科技的特点，按照一般创新指数测评的框架设计科技创新测度指标，进而在当前民生科技工作主要领域中设计科技改善民生的绩效指标，从投入、成果、绩效、环境四个维度形成综合性的首都民生科技发展指数，对近5年来北京民生科技工作的投入趋势、在全市科技工作中的占比，以及科技改善民生的效果进行分析和基于时间序列的比较。这一评测，从指导实际工作的角度看，是以定量研究的方式对北京民生科技的发展历程进行梳理，并且在一定程度上跳出科技管理部门的工作范围，分析跨部门的民生科技工作状态，能够促进相关各类零散工作有条理地纳入民生科技的目标体系中，提升民生科技工作的规划性、系统性和完整性，为相关管理工作提供统筹视角。从理论创新的角度看，本指数对民生科技行业的选取，以及将创新监测指标和民生改善绩效指标结合起来的指数构建方式，都是民生科技定量研究领域的新尝试，将能力测度与机理分析相结合，为民生科技创新路径探讨和能力提升提供有益的启迪。

第二节 首都民生科技发展指数体系设计

一、构建原则

1. 聚焦重点

指标体系的构建要以"民"为本，以应用为本，在指标选取、行业选取和权重设计方面重点突出"民生"及民生科技的特点。在指数设计工作中，这主要体现在三个方面。

其一，突出企业活动。根据民生科技的应用导向性特点，指标体系的设计和指标的选取要重视科技在应用端的作用、重视企业中的科技活动、重视科技成果的转化。体系在选取全地区数据的同时，通过增加企业指标数量的方式，提高企业科技活动的权重。

其二，突出民众生活。在民生科技行业的选择过程中，以人民群众的"衣""食""住""行""用""发展"为主要维度，对国民经济行业类别进行重新分类，仅选取与民众生活最为直接相关的基础性行业，对某一大类行业中与民众有关的小类尽可能作单独提炼，强调民生科技行业的应用属性。

其三，突出科技含量。评判民生改善和民生环境建设的指标数量众多，其中不乏公认的、有说服力的指标。但是，为了更紧密地切合本指数的测算目的，评估"科技"在其中所起到的作用，本指数在民生改善环节并未使用过多综合性的民生改善指标，而更多地选取技术进步能够对指标产生直接影响的数据，如"急救成功率"等。

2. 统筹兼顾

从指标评价角度上看，民生科技发展评价是一个复杂系统，包含地区科技总体发展水平，与民生相关的科技投入、产出水平，以及地区重点民生领域的评价等各个方面。因此，民生科技发展指数也应当呈现出同一般的区域发展和产业创新评价不同的特点，不但要评价首都科技工作的总体投入、产出和环境的发展变化情况，也要评价民生行业中科技的投入、产出和环境的发展变化情况，同时要尝试分析科技在人口健康、生态环境、公共安全和文化教育等主要民生领域中发挥的作用。

从指标内容选择上看，国内外有关实践已经证明，由于创新的内涵和影响范围复杂，创新指数是一个复杂的概念，其中既包括了传统的经济统计信息、科技统计数据，也包括一部分社会综合统计的指标。我们研究民生科技发展指数，同样需要兼顾经济、科技和社会统计指标，特别是在民生改善部分，应当使用大量社会性的指标以更好表征。

3. 系统可行

民生科技发展指数要兼顾指标体系整体架构的系统性、完整性，以及具体指标的可得性、连贯性。

在整体架构上，指数计划采用国际创新指数通用的科技驱动、产出、环境三个主要维度，并为了突出科技对民生的改善作用，将民生科技产出维度再细分为科技的直接产出和对民生的影响，前者包括论文、专利等科技方面的成果，后者则选取与技术贴近的指标，表征科技对健康、安全、环境等领域民生改善的影响程度。指数基于大量文献分析、专家座谈，并使用多轮次德尔菲法，尽可能选取代表性强、说服力高、覆盖面完整的指标。

在具体指标选取方面，要选取确有统计数据能够支持的指标。在新科技革命的背景下，科学发现、技术进步、产品制造、民生改善之间的联系越来越紧密，过渡时间越来越短，重点民生领域中的新产品、新技术、新服务、新方法层出不穷，如公共安全领域视频监控系统的技术改进几乎以月为单位不断发生，而相关的统计工作还没有很好地跟进，或暂时还缺乏权威渠道的全面统计信息。对于这类数据，为保证整体统计的客观性和准确性，本指数暂时不作为定量指标进行收录，主要通过本书后半部分的定性分析进行展示。此外，有些近一两年民众十分关注的热点民生指标（如PM2.5浓度等）也属于较新的统计指标，历史数据缺失。对待这种指标，在2014年的民生科技发展指数中也暂不收录，留待后续研究中再行选用。

4. 注重成长

民生科技发展指数设计的首要原则是必须兼顾状态测量与综合评价，既要反映首都民生科技工作投入的现状，又要能够说明一段时间以来首都民生科技工作各方面的发展趋势。为此，选取指标要注重城市纵向比较的可行性，选择具有连续性的指标，注意不同时间指标的稳定性。在注重纵向对比的基础上，考虑到民生工作和民生科技工作的发展趋势，选取若干代表性较强的新型指标，以便在未来对民生科技发展指数不断加以完善。要考虑到指标体系未来的改进空间，注意对定性指标的收集，随着研究和测算过程的深入，形成指标内容改进和完善的方针。

二、民生领域行业筛选

在本指数的统计中，为尽可能评价与民生有关行业的科技创新活动，并为后续进行横向和纵向比较提供统一的数据基础，计划以《国民经济行业分类》为分类标准，对民生领域的行业进行筛选。筛选原则包括：

（1）尽可能贴近民众实际生活；
（2）尽可能同民众生活直接相关；
（3）尽可能符合北京城市发展定位及发展现状；
（4）尽可能选取科学技术进步能够对行业发展产生较大影响的行业。

在国民经济行业分类的规定中，主要以经济活动为分类标准将行业分为门类、大类、中类和小类。在分析各类维度和主要内容后我们认为，以门类（即国民经济行业的一位数代码）作为民生科技行业的选择标准显然过于宽泛，多数民生科技行业可以通过大类（即国民经济行业的两位数代码）来确定；但是，由于民生科技本身在范围和内容上的相对模糊，也有相当一部分行业需要通过中类甚至小类代码（三位或四位代码）进行区分。

本章按照国民经济行业的类型，采用德尔菲法，邀请20位从事科技政策和区域创新发展的研究和管理人员，对全部国民经济行业分类中的行业进行打分，部分从大类上看全部属于民生行业范畴的，可以将整个大类纳入民生行业；一些大类其中包含的部分中类和小类与民生距离较远，对待这种情况，打分者只选择其中与民生有关的中类和小类。经过第一轮初筛，获得169种与民生领域有关的国民经济行业。随后，进行两轮科技管理专家研讨会，讨论其中55种有争议的民生行业，第一轮共选出136种国民经济行业大类、中类和小类。筛选出的民生科技行业以国民经济代码的类别为分类方式，主要包括制造业57种，电力、燃气及水的生产和供应业5种，建筑业8种，交通运输业20种，信息传输与计算机服务业7种，批发零售业7种，住宿餐饮业2种，房地产业1种，科学研究与技术服务业6种，水利环境与公共设施管理业5种，居民服务和其他服务业6种，教育1种，卫生5种，文化、体育和娱乐业2种，公共管理与社会组织4种。

民生虽与经济有关，但归根结底，民生是关乎民众生活的概念。出于统计上的便易和数据方面的可得，本研究使用国民经济行业作为民生领域的选取标准；但结合本研究对民生概念的界定，我们认为，有必要以民众的衣、食、住、行、用和发展为分类标准，对现有的民生行业进行再筛选，特别是要减去没有直接同民众生活发生关系的生产的前端和中端环节，如在"食"方面，减去农药、农机的生产和谷物的种植等，仅保留各类食品的加工和制造类别，通过分类的调整，进一步减去与民生关系不大的行业。第二轮筛选出民生行业共130种，包括与穿着有关的行业3种、与食物有关的行业9种、与居住有关的行业29种、与交通和运输有关的行业22种、与日常基本用品有关的行业42种，以及保障基本发展的行业25种。

在开始进行数据搜集工作前，研究进行了第三轮民生行业的筛选。本次筛选同样通过专家小组会议并打分的方式进行，原则是将第二轮筛选结果中部分行业大类进行细化，尽可能挑选出大类里与民生关系最密切的中类和小类，如以物业管理（代码7020）代替房地产业（代码70），以三个小类（防洪除涝设施管理7610、水文服务7640、其他水利管理业7690）代替原有的水利管理业（代码76）。这是为了从技术上缩小民生行业的范围，提高行业分类的代表性。同时，为了更好表征"民生科技"的发展状态，进一步压缩需要专门获取的数据内容，研究还删除了若干虽然与民生紧密相关，但科技含量比较低、对民生领域科技工作的代表性差的国民经济行业（如金融业等）。经过最终筛选，本指数中的民生行业被限定为142种，以国民经济行业的中类和小类为主。

三、指标体系设计

本研究将民生科技发展指标体系分解为 3 个维度，分别是民生科技环境、民生科技驱动、民生科技成果。综合考虑指标数据的可得性、连续性、代表性和可比性，设计了 11 个二级指标、28 个三级指标（表 3-1）。

表 3-1　首都民生科技发展指标体系

一级指标	二级指标	三级指标	复合指标的构成
民生科技环境	科技人力资源	地区科技人员数量	
		地区研发人员数量	
	科技政策	地区财政科技投入占地区财政支出的比重	
		地区研发投入强度	
民生科技驱动	物质条件	民生领域每名科技活动人员新增仪器设备费	
		民生领域大型科学仪器原值	
	人力投入	民生领域科技活动人员占总科技活动人员比重	
		企业民生领域科技活动人员占企业总科技活动人员比重	
		民生领域研发人员全时当量占总研发人员全时当量比重	
	资金支持	民生领域研发支出占地区生产总值比重	
		民生领域研发支出占总研发支出比重	
		企业民生领域研发支出占企业研发支出比重	
民生科技成果	民生科技知识创造	民生领域专利申请数占总专利申请数比重	
		民生领域发明专利申请数占总发明专利申请数比重	
		民生领域科技论文占总科技论文比重	
	民生科技应用	民生领域工业企业新产品销售收入占总新产品销售收入比重	
		民生领域企业技术获取及技术改造支出占主营业务收入比重	
	人口健康改善	婴儿死亡率	
		急诊抢救成功率	
	生态环境改善	水质量改善	工业废水排放达标率、污水处理率
		空气质量改善	空气质量二级及好于二级天数的比重可吸入颗粒物每日均值
		土地质量改善	生活垃圾无害化处理率工业固体废物处置利用率
		清洁能源消费占总能源消费比重	
	公共安全改善	食品药品抽验合格率	
		水库水符合Ⅱ类及Ⅲ类水质标准面积占比	
		事故灾难防控	道路交通万车死亡率、火灾事故发生率
	文化教育改善	中小学及高校电子图书藏量	
		宽带接入用户	

其中，民生科技环境包括2个二级指标，即科技人力资源和科技政策，反映地区在科技创新活动上的资金和人员投入规模。下设4个三级指标，分别是地区科技人员数量、地区研发人员数量、地区财政科技支出占地区财政总支出的比重、地区研发投入强度。

民生科技驱动包括3个二级指标，即物质条件、人力投入和资金支持，反映地区在民生科技创新活动上的资金、人员和设备投入规模，以及民生科技创新活动在地区整体科技工作中的比重。下设8个三级指标，分别是民生领域每名科技活动人员新增仪器设备费、民生领域大型科学仪器原值、民生领域科技活动人员占总科技活动人员比重、企业民生领域科技活动人员占企业总科技活动人员比重、民生领域研发人员全时当量占总研发人员全时当量比重、民生领域研发支出占地区生产总值比重、民生领域研发支出占总研发支出比重、企业民生领域研发支出占企业研发支出比重。

民生科技成果包括6个二级指标，即民生科技知识创造、民生科技应用、人口健康改善、生态环境改善、公共安全改善、文化教育改善。下设16个三级指标，分别是民生领域专利申请数占总专利申请数比例、民生领域发明专利申请数占总发明专利申请数比重、民生领域科技论文占总科技论文比重、民生领域工业企业新产品销售收入占总新产品销售收入比重、民生领域企业技术获取及技术改造支出占主营业务收入比重、婴儿死亡率、急诊抢救成功率、水质量改善、空气质量改善、土地质量改善、清洁能源消费占总能源消费比重、食品药品抽验合格率、水库水符合Ⅱ类及Ⅲ类水质标准面积占比、事故灾难防控、中小学及高校电子图书藏量、宽带接入用户。其中，水质量改善、空气质量改善、土地质量改善和事故灾难防控指标是复合指标。

四、单项指标解释

1. 地区科技人员数量

（1）指标解释。指地区所有从事科技活动的人员，包括科技管理人员、研发人员和科技服务人员等，其数量反映了地区科技人力资源的规模。

（2）资料来源。中国科技统计年鉴。

2. 地区研发人员数量

（1）指标解释。指地区所有参加研究与发展活动的人员，包括从事研究与发展活动的研究人员，以及为研究与发展活动提供直接服务的管理和服务人员，反映了地区研究与发展活动智力资源的规模。

（2）资料来源。中国科技统计年鉴。

3. 地区财政科技投入占地区总财政支出的比重

（1）指标解释。指地区财政支出中，用于科学技术活动的支出占总财政支出的比重，反映了地区政府对科学技术活动的重视程度。

（2）计算方式。地区公共财政预算支出中科学技术支出/地方公共财政预算支出×100%。

（3）资料来源。北京统计年鉴。

4. 地区研发投入强度

（1）指标解释。指地区研究与发展经费总额与地区 GDP 的比值，反映区域整体的创新资金投入强度。

（2）计算方式。地区研究与发展经费总额/地区 GDP×100%。

（3）资料来源。中国科技统计年鉴。

5. 民生领域每名科技活动人员新增仪器设备费

（1）指标解释。指在报告期内每位科技活动人员平均所支出的新增仪器设备费。新增仪器设备费是为在机构内开展科技活动，购置使用年限一年以上且在规定金额以上的仪器设备所支出的全部费用。

（2）计算方式。地区每年新增仪器设备费/地区科技活动人员总数×100%。

（3）资料来源。北京市科委及相关科技与统计部门，中国科技统计年鉴。

6. 民生领域大型科学仪器原值

（1）指标解释。指民生经济行业领域内大型科学仪器的原值。大型科学仪器是指原值在 50 万元以上的单台（件、套）教学科研仪器设备和科研设施。

（2）资料来源。北京市科委及相关科技与统计部门，中国科技统计年鉴。

7. 民生领域科技活动人员占总科技活动人员的比重

（1）指标解释。指民生经济行业领域内所有科技活动人员数量在地区全部科技活动人员中的数量比重。

（2）计算方式。民生行业科技活动人员数量/地区全部科技活动人员数量×100%。

（3）资料来源。北京市科委及相关科技与统计部门，中国科技统计年鉴。

8. 民生领域研发人员全时当量占总研发人员全时当量的比重

（1）指标解释。指民生经济行业领域内所有研发人员的全时当量在地区全部研发人员全时当量中的比重。研发人员全时当量指研发全时人员（全年从事研发活动累积工作时间占全部工作时间的 90% 及以上人员）工作量与非全时人员按实际工作时间折算的工作量之和。

（2）计算方式。民生行业研发人员全时当量/地区全部研发人员全时当量×100%。

（3）资料来源。北京市科委及相关科技与统计部门，中国科技统计年鉴。

9. 民生领域研发支出占地区生产总值的比重

（1）指标解释。指民生经济行业内企业的研发支出金额占区域地区生产总值的比重。

（2）计算方式。民生领域研发支出金额/地区生产总值×100%。

（3）资料来源。北京市科委及相关科技与统计部门，中国科技统计年鉴。

10. **民生领域研发支出占总研发支出的比重**

（1）指标解释。指民生经济行业中用于研发活动的支出占地区总研发支出的比重。

（2）计算方式。民生行业研发支出金额/全行业研发支出金额×100%。

（3）资料来源。北京市科委及相关科技与统计部门，中国科技统计年鉴。

11. **企业民生领域研发支出占企业研发支出的比重**

（1）指标解释。指民生领域的企业用于研发活动的支出占所有企业的研发支出的比重。

（2）计算方式。民生行业企业研发支出金额/全行业企业研发支出金额×100%。

（3）资料来源。北京市科委及相关科技与统计部门，中国科技统计年鉴。

12. **民生领域专利申请数占总专利申请数的比重**

（1）指标解释。指民生经济行业中专利申请数占全领域专利申请数的比例，体现了创新知识受法律保护及其经济化趋势程度。比例指标直接反映民生领域知识的经济化程度在整体创新产出中的位置。

（2）计算方式。民生行业专利申请数/地区专利申请总数×100%。

（3）资料来源。北京市科委及相关科技与统计部门，中国科技统计年鉴。

13. **民生领域发明专利申请数占总发明专利申请数的比重**

（1）指标解释。指民生经济行业中发明专利申请数占全领域发明专利申请数的比重。发明专利是指对产品、方法或其改进所提出的新的技术方案，反映了民生领域自主创新能力和技术产出的规模及在区域整体创新工作中的地位。

（2）计算方式。民生行业发明专利申请数/地区发明专利总申请数×100%。

（3）资料来源。北京市科委及相关科技与统计部门，中国科技统计年鉴。

14. **民生领域科技论文占总科技论文的比重**

（1）指标解释。指民生经济行业中发表的科技论文占全领域科技论文发表数的比重，反映了上游创新产出指标，体现基础研究为创新提供的支撑能力。比重指标直接反映了民生领域原始创新成果在整体中的表现。

（2）计算方式。民生行业科技论文数/地区科技论文总数×100%。

（3）资料来源。北京市科委及相关科技与统计部门，中国科技统计年鉴。

15. **民生领域工业企业新产品销售收入占总新产品销售收入的比重**

（1）指标解释。新产品是指采用新技术原理、新设计构思研制生产的科研型（全新型）产品，或在结构、材质、工艺等任一方面比老产品有重大改进，显著提高了产品性能或扩大使用功能，能够公开销售有市场前景的改进型产品。

新产品销售收入是衡量产品创新的最直接指标。新产品销售收入占全部产品销售收入的比重可以衡量产品创新对整个销售收入的贡献，也可以反映新产品创新周期、更新换代频率和市场竞争能力等指标的优劣。比重指标可以反映民生领域工业企业产品创新成绩在全部企业中的位置。

（2）计算方式。民生行业工业企业新产品销售收入金额/地区工业企业新产品销售收入总额×100%。

（3）资料来源。北京市科委及相关科技与统计部门，中国科技统计年鉴。

16. 民生领域企业技术获取与技术改造支出占主营业务收入的比重

（1）指标解释。指企业技术获取和技术改造支出包括技术引进经费支出、消化吸收经费支出、技术改造经费支出和购买国内技术经费支出。企业技术获取和技术改造经费支出占主营业务收入比重能够衡量企业创新能力和创新投入水平。

（2）计算方式。民生行业企业技术获取和技术改造支出/民生行业企业主营业务收入比重×100%。

（3）资料来源。北京市科委及相关科技与统计部门，中国科技统计年鉴。

17. 婴儿死亡率

（1）指标解释。指婴儿出生后不满周岁死亡人数同出生人数的概率。婴儿死亡率是反映一个国家和民族的居民健康水平和社会经济发展水平的重要指标，也能够反映医疗科技发展水平。

（2）计算方式。不满周岁死亡婴儿数/地区婴儿出生总数×1000‰。

（3）资料来源。北京统计年鉴。

18. 急诊抢救成功率

（1）指标解释。指对急诊抢救中成功实施救治的患者比重占总急诊抢救患者比重。

（2）计算方式。急诊抢救成功人次数/急救抢救总人次×100%。

（3）资料来源。中国卫生统计年鉴。

19. 水质量改善

（1）指标解释。这是一项复合指标，综合了2个通过技术手段改善的水体质量评价指标，即工业废水排放达标率和污水处理率两个指标。工业废水排放达标率指工业废水排放达标量占城市工业废水排放量的百分比；污水处理率指城市污水处理总量与污水排放总量的百分比。

（2）计算方式。工业废水排放达标率×50%＋污水处理率×50%。

工业废水排放达标率＝城市工业废水排放达标量（万吨）/城市工业废水排放量（万吨）×100%。

污水处理率＝区域污水处理量/区域污水总量×100%。

（3）资料来源。北京统计年鉴。

20. 空气质量改善

（1）指标解释。这是一项复合指标，综合了 2 个通过技术手段改善的空气质量评价指标，即空气质量二级及好于二级天数的比重、可吸入颗粒物每日均值两个指标。空气质量二级及好于二级天数的比重是指空气污染指数在 100 以内的天数占全年天数的比重。空气污染指数是将常规监测的集中空气污染物浓度简化成为单一的概念性指数值形式，并分级表征空气污染程度和空气质量状况。可吸入颗粒物每日均值指粒径在 10 微米以下的浮游状颗粒物在每立方米空气中的日平均浓度。

（2）计算方式。空气质量二级及好于二级天数的比重 ×50% ＋可吸入颗粒物每日均值(正向化) ×50% 。

空气质量二级及好于二级天数的比重 ＝空气污染指数在 100 以内的天数
÷全年天数×100%

（3）资料来源。北京统计年鉴。

21. 土地质量改善

（1）指标解释。这是一项复合指标，综合了 2 个通过技术手段改善的土地质量评价指标，即生活垃圾无害化处理率和工业固体废物处置利用率两个指标。生活垃圾无害化处理率指城市生活垃圾（即固体废弃物）无害化处置情况，包括生活固体废弃物和危险固体废弃物两部分；工业固体废物处置利用率指城市市域范围内各工业企业当年处置及综合利用的工业固体废物量（包括对往年工业固体废物进行处置利用的量）之和占当年工业固体废物量之和的百分比。

（2）计算方式。生活垃圾无害化处理率 ×50% ＋工业固体废物处置利用率 ×50% 。

生活垃圾无害化处理率 ＝(生活固体废弃物无害化处置量 ＋危险固体废弃物
无害化处置量) /当年城市生活垃圾产生量总和
×100%

工业固体废物处置利用率 ＝[工业企业当年处置量 ＋综合利用量（包括处置
利用往年量）] /当年各工业企业产生量总和
×100%

（3）资料来源。北京统计年鉴。

22. 清洁能源消费占总能源消费的比重

（1）指标解释。指区域清洁能源使用量占终端能源消费总量的百分比。

（2）计算方式。地区清洁能源使用量/地区终端能源消费总量×100% 。

（3）资料来源。北京统计年鉴。

23. 食品药品抽验合格率

（1）指标解释。指检测指标合格的食品和药品占全部抽检食品药品的比重。

（2）计算方式。检测指标合格食品药品样本数/全部抽检食品药品样本数×100%。

（3）资料来源。北京统计年鉴。

24. **水库水符合Ⅱ类及Ⅲ类水质标准面积占比**

（1）指标解释。指区域全部水库水中，质量达到国家Ⅱ类及Ⅲ类水体水库水的比重。

（2）计算方式。质量达到国家Ⅱ类及Ⅲ类水体水库水体积/区域全部水库水体积×100%。

（3）资料来源。北京市环境状况公报。

25. **事故灾难防控**

（1）指标解释。这是一项复合指标，综合了2个能够通过技术手段得到降低的事故发生指标，即道路交通万车死亡率和火灾事故发生率两个指标。道路交通万车死亡率表示每年全市按机动车拥有量所平均的交通事故死亡人数；火灾事故发生率指全市每年发生特定等级以上火灾的频度。

（2）计算方式。道路交通万车死亡率×50% + 火灾事故发生率×50%。

道路交通万车死亡率 = 区域交通事故死亡人数/区域机动车保有量×100%

（3）资料来源。北京统计年鉴。

26. **中小学及高校电子图书藏量**

（1）指标解释。指中小学及高校电子图书（含电子期刊）藏书量占全部图书藏量的比重。

（2）计算方式。中小学及高校电子图书（含电子期刊）藏书量/中小学及高校藏书总量×100%

（3）资料来源。北京统计年鉴。

27. **宽带接入用户**

（1）指标解释。指居民中接入互联网宽带的家庭数量。

（2）计算方式。接入宽带居民户数/10 000。

（3）资料来源。北京统计年鉴。

五、指标权重与运算方式设计

1. 指标权重设计

指标体系内容确定后，20位来自国家和地方政府、科技管理部门、高校院所和企业的专家以邮件函审形式对全部指标的权重进行了背对背打分。根据指标的最终得分情况，计算得出了指标权重（表3-2）。

表 3-2　首都民生科技发展指标体系及权重

一级指标		二级指标		三级指标	
名称	权重	名称	权重	名称	权重
民生科技环境	20%	科技人力资源	10%	地区科技人员数量	5%
				地区研发人员数量	5%
		科技政策	10%	地区财政科技科技投入占地区财政支出的比重	5%
				地区研发投入强度	5%
民生科技驱动	30%	物质条件	9%	民生领域每名科技活动人员新增仪器设备费	4.5%
				民生领域大型科学仪器原值	4.5%
		人力投入	12%	民生领域科技活动人员占总科技活动人员比重	3.6%
				企业民生领域科技活动人员占企业总科技活动人员比重	3.6%
				民生领域 R&D 人员全时当量占总 R&D 人员全时当量比重	4.8%
		资金支持	9%	民生领域 R&D 支出占地区生产总值比重	2.7%
				民生领域 R&D 支出占总 R&D 支出比重	3.6%
				企业民生领域 R&D 支出占企业 R&D 支出比重	2.7%
民生科技成果	50%	民生科技知识创造	12.5%	民生领域专利申请数占总专利申请数比重	4.25%
				民生领域发明专利申请数占总发明专利申请数比重	4.25%
				民生领域科技论文占总科技论文比重	4%
		民生科技应用	12.5%	民生领域工业企业新产品销售收入占总新产品销售收入比重	6.25%
				民生领域企业技术获取及技术改造支出占主营业务收入比重	6.25%
		人口健康改善	7%	婴儿死亡率	3.5‰
				急诊抢救成功率	3.5%
		生态环境改善	8%	水质量改善	2%
				空气质量改善	2%
				土地质量改善	2%
				清洁能源消费占总能源消费比重	2%
		公共安全改善	5%	食品药品抽验合格率	1.5%
				水库水符合Ⅱ类及Ⅲ类水质标准面积占比	1.5%
				事故灾难防控	2%
		文化教育改善	5%	中小学及高校电子图书藏量	2.5%
				宽带接入用户	2.5%

2. 运算方式设计

首都民生科技发展指数采用基期分析法，即以起始年为基年，以基年各项指标的值为基准值60，以此标准去衡量所有的其他年份的各指标变化情况，通过数值、得分对比找出各年与起始年的差距，从而进行排序。

对所有三级指标首先进行指标的无量纲的归一化处理。通过无量纲处理，可以消除多指标评级中计量单位上的差异和指标数值的数量级等差异，使不同单位的指标具有相对可比性，以便进行进一步指标综合。具体方法为：

$$y_{i,j} = \frac{60 \times x_{i,0}}{x_{i,j}}$$

式中：i ——三级指标序号；

j ——计算年份；

$x_{i,0}$ ——三级指标基年值；

$x_{i,j}$ ——三级指标原始值；

$y_{i,j}$ ——三级指标归一值。

对所有指标进行无量纲处理后，根据三级指标权重，可以计算出二级指标得分：

$$y_{k,j} = \sum_{i=1}^{n} \gamma_i y_{i,j}$$

式中：k ——二级指标序号；

γ_i ——三级指标权重；

n ——第 k 个二级指标下的三级指标数量；

$y_{k,j}$ ——二级指标值。

根据二级指标得分和相应权重，可以计算出一级指标得分：

$$y_{l,j} = \sum_{k=1}^{n} \beta_k y_{k,j}$$

式中：l ——一级指标序号；

β_k ——二级指标权重；

n ——第 l 个一级指标下的二级指标数量；

$y_{l,j}$ ——一级指标值。

根据一级指标得分和响应权重，可以计算出首都民生科技发展指数得分：

$$y_j = \sum_{l=1}^{n} \alpha_l y_{l,j}$$

式中：n ——一级指标数量；

y_j ——民生科技发展指数值；

α_l ——一级指标权重。

在接下来的三章，本书将依次分析首都民生科技发展指数三个一级指标的变化趋势与特点，并在第七章总结指数整体情况，为评判首都民生科技发展水平提供参考。

第四章　首都民生科技环境不断改善

首都民生科技发展具有良好的科技基础和环境，总体科技资源丰富，本章通过科技人力资源和科技政策两个维度来测度和评估首都民生科技环境的发展状况。

第一节　民生科技环境指标体系

民生科技环境是首都民生科技发展指数体系的一级指标，占总指标权重的22%，包括2个二级指标和4个三级指标。民生科技环境的2个二级指标体系分别是科技人力资源和科技政策，如表4-1所示。

表4-1　民生科技环境指标构成及权重

一级指标	一级指标权重	二级指标	二级指标权重	三级指标	正逆	三级指标权重
民生科技环境	22%	科技人力资源	11%	地区科技人员数量	正	5.5%
				地区研发人员数量	正	5.5%
		科技政策	11%	地区财政科技投入占总财政支出比重	正	5.5%
				地区研发投入强度	正	5.5%

科技人力资源是从科技活动开展所需的科技人才的数量和层次角度来衡量地区科技活动的基本环境的，该指标反映了一个地区的科技和智力资源情况。科技人力资源占民生科技环境指标权重的50%，占总指数的5.5%，下设2个三级指标。

科技政策是从科技活动开展所需的资金投入的角度来衡量地区科技活动的基本环境的，该指标反映了一个地区的基本科技经费情况。科技政策占民生科技环境指标权重的50%，占总指数的5.5%，下设2个三级指标。

在首都民生科技发展指标指数体系的基础上，采用2009~2012年的数据对首都的民生科技环境的动态变化进行了测算。结果表明：首都民生科技环境指数4年来稳步上升，科技人力资源逐渐改善，科技政策虽有波动但总体走向趋于稳定。

第二节 2009～2012 年首都民生科技环境测算结果分析

一、首都民生科技环境总得分情况

根据首都民生科技发展指数体系，北京 2009～2012 年民生科技环境指数测算结果如图 4-1 所示。

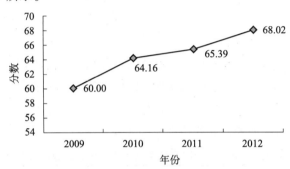

图 4-1 2009～2012 年首都民生科技环境指数得分

从图 4-1 可以看到，2009～2012 年，首都民生科技环境指标得分整体呈现平稳增长的态势。民生科技环境总得分从 2009 年的基准分 60 分增加到 2012 年的 68.02 分，平均年增长 2.67 分。其中 2010 年增长更加显著，涨幅达到 6.93%。数据表明，首都民生科技环境自 2009 年以来稳步上升，科技人才建设取得积极进展，科技政策走向趋于稳定。

二、科技人力资源测算结果分析

从图 4-2 可以看到，科技人力资源指标的总体走势与民生科技环境变化趋势比较接近，这表明科技人力资源指标得分对民生科技环境指标得分的贡献度较大。2012 年科技人力资源指标得分为 73.69 分，年均增长 4.56 分。数据表明，北京市科技人才工作取得了积极的成效。近年来，北京市逐渐加大科技人才吸引力度，实施了一系列人才工程，如 2009 年 6 月起实施"海外人才聚集工程"，2011 年 5 月 13 日发布《2011 年北京市引进海外高层次人才专项计划》，提出定向引进 436 名海外人才，同时在中关村人才特区协调引进 100 名左右创业类海外高层次人才等。一系列高端人才引进政策的相继出台，对北京市科技人才的发展起了积极的作用。

从各个三级指标的变化趋势来看，地区科技人员数量和地区研发人员数量两个指标的增长都非常明显。其中地区科技人员数量从 2009 年的 529 985 人上升到

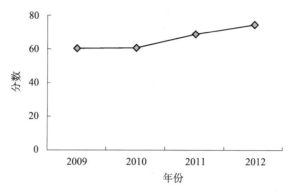

图4-2 2009~2012年科技人力资源得分

651 003 人，总体增长了 22.83% ；地区研发人员数量从 191 779 人上升到235 493 人，总体增长了 22.79% 。可见，2009 年以来，无论是地区科技人员数量还是地区研发人员数量，都呈现出稳步增长趋势，这表明首都在聚集科技人才，以及高端人才方面工作力度加大，成效初步显现（表4-2）。

表4-2 2009~2012 年首都科技人力资源三级指标情况 单位：人

年份	地区科技人员数量	地区研发人员数量
2009	529 985	191 779
2010	529 811	193 718
2011	605 980	217 255
2012	651 003	235 493

专栏1 首都科技人力资源发展状况

"十五"以来，为加强自主创新、建设创新型国家，"人文北京，科技北京，绿色北京"，北京市科学技术委员会大力加强科技人才队伍建设，为首都经济社会发展提供了有力的人才智力支撑。主要开展了以下工作：

（1）依托重大科技项目，积极推进各层次科技人才的成长；对项目培养人才的典型案例进行总结、凝练，形成典范，巩固和放大人才培养的效果，形成优秀的创新人才团队和合理的人才梯队结构，培养一批科技骨干、学科带头人和科技领军人才。

（2）出台多项鼓励科技人才创新发展的相关政策，从政策、人力、物力等多方面为科技人才的培养创造日趋完善的整体环境，为人才工作提供了积极的政策保障和资金支持。

（3）实施"北京市科技新星计划"、"博士生论文资助专项"等青年人才培养计划，形成专业贡献突出、引领作用明显的领军人才及以优秀拔尖人才和学科带头人为主的领军人才"后备队"。

（4）加强国际合作，在国际化合作中开拓使用、引进和培养科技人员。

（5）积极推进科研院所改革，通过建立产学研联盟、基地等多种方式，搭建人才成长的平台，推动科技人才的使用和培养。

在多项政策引领和促进下，北京科技人才规模有了很大扩大，科技活动人员和 R&D 人员总量持续增长，积累了丰富的科技智力资源优势。2001 年以来，北京地区科技活动人员保持显著的递增趋势。"十五"期间科技活动人员数量年均增幅达 12.7%。"十一五"期间科技活动人员数量年均增幅达 8.1%。"十二五"继续延续了这一增长态势。2012 年科技活动人员达到 65.1 万人，比 2001 年增加了 170.6%；每万名从业人员中科技活动人员的数量逐年增长，从 2001 年的 383 人增长至 2012 年的 588 人，比 2001 年增加了 205 人。

北京地区 R&D 人员呈现先快后慢的增长趋势。"十五"期间 R&D 人员年均增长率为 17.8%，"十一五"期间 R&D 人员年均增长率为 4%，2012 年 R&D 人员达到 23.5 万人/年，比 2001 年增加 147.2%；每万名从业人员中 R&D 人员的数量波动增长，从 2001 年的 151 人/年增长至 2011 年的 213 人/年，增加了 62 人（图 4-3）。

图 4-3　2001～2012 年北京地区人才发展情况

北京地区大院大所较多，如何有效利用这些科技人才资源和创新资源为企业创新服务，如何增强企业的科技人才吸引力，这对于北京地区促进科技成果转化和技术创新至关重要。尤其是在世界城市建设的新形势下，促进科技人才向企业聚集，对于北京地区的产业结构调整和创新型城市的建设来说意义重大。因此，《"科技北京"行动计划（2009—2012 年）》中提出，要"鼓励科研院所和高等院校的科技力量主动服务企业"，"加快技术成果向企业转移，促进人才向企业集聚"。为增强企业科技人才吸引力，促进科技人才向企业聚集，北京市近几年颁布和实施了一些相关政策，这些政策和措施主要包括以下几个方面。第一，通过相关人才政策的制定为企业的引才工作提供政策支持。第二，通过联盟建设和公共研发平台的建设，完善以科技孵化器、大学科技园为主体的创业服务体系，增强了在京企业的科技人才吸引力。第三，通过政府资金的投入，为企业的技术创新提供资金支持，以资金导向引导科技人才向企业流动。第四，通过政府采购帮助企业的技术创新成果获得市场收益，有利于企业科技人才价值的发挥。第五，通过高新技术企业和企业技术中心的认定，鼓励和引导企业提高自主创新能力。第六，加强对企业科技人才的奖励和支持力度。

总体来说，自"十五"以来，随着经济、社会的快速发展及首都城市建设，对科技人力资源呈现出大量的需求；同时依托首都综合条件好、区位优势明显、发展机遇多、文化包容性较强、人才培养突出等优势，使北京科技人才得到迅猛发展，科技人才总体规模不断扩大，科技创新与首都发展的融合更加紧密，这为北京提升民生科技水平，促进民生改善与发展提供了有利的条件。

三、科技政策测算结果分析

从图4-4可以看到，2009年，相比科技人力资源的稳定持续增长，科技政策带动的财政科技投入以及R&D投入强度增长则相对缓慢，呈现明显的波动中小幅上升的态势。2012年得分为62.34分，平均年增长0.78分。科技政策指标整体得分增长较为缓慢的原因在于：一方面，北京市科技投入经过改革开放后30多年来的快速增长，已经进入相对稳定的时期；另一方面，本章采用的是占比的相对数指标，从绝对数上看，财政科技投入和R&D投入的绝对值仍保持着逐年增长态势。

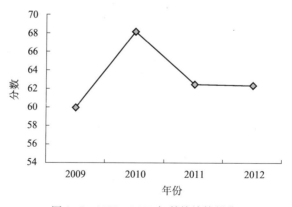

图4-4 2009~2012年科技政策得分

从科技政策三级指标情况看，2009~2012年地区财政科技投入占总财政支出比重总体处于波动状态，从2009年的5.45%上升到2010年的6.58%，随后又降至 2012 年的 5.43%。反观地区研发投入强度，2009 年以来北京市研发投入强度一直处于增长状态，4 年间上升了 8.18%，涨势明显。对比两个三级指标可以发现，2009 年以来，虽然地区财政科技投入占总财政支出比重有所下降，但地区研发投入强度一直处于上升态势。这说明，虽然政府财政直接科技投入比重没有增长，但通过政策引导而形成的全社会的科技投入，无论是规模上还是比重上都在持续增加（表 4-3）。

表 4-3　2009~2012 年首都科技政策三级指标情况　　　　　　单位:%

年份	地区财政科技投入占总财政支出比重	地区研发投入强度
2009	5.45	5.5
2010	6.58	5.82
2011	5.64	5.76
2012	5.43	5.95

专栏 2　首都财政科技投入与研发投入

"十一五"以来，北京市已初步形成适合地方发展实际的财政科技投入稳定增长机制、相对合理的财政科技投入结构，有效地带动了全社会的科技投入，增强了科技创新综合实力。

从规模上看，"十一五"以来，北京市财政科技投入呈逐年增长态势。2009~2012 年北京市财政科技投入共计近 700 亿元。从 2009 年的 126.31 亿元增长到 2012 年的 199.94 亿元，年均增速 16.55%。2007 年以来北京市财政科技投入占财政支出的比重基本保持在 5.5% 左右。北京市财政研发投入占 GDP 的比重已超过 1%，基本达到日本和德国的政府研发投入水准（图 4-5）。

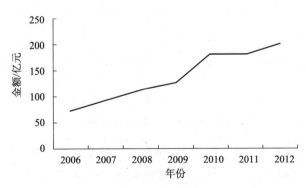

图 4-5　北京地区财政科技支出

从结构上看，"十一五"到"十二五"期间，北京市政府对企业、高校、科研机构投入逐年增大，已基本形成科研院所、企业和高校并立，各类研发机构竞相发展的比较完备的学科体系。北京市财政科技经费以课题形式投入企业、高校和科研机构比例为 6.4:1:4.6，有效地促进了产学研创新水平的提升和科技成果的产业化。在投入方式上，充分发挥好财政科技投入的引导放大作用，直接投入与间接投入相结合，综合采用直接拨款、股权投入、税收优惠、政府采购和贷款贴息等多种投入方式。"十一五"以来，北京市财政科技经费投入 R&D 经费逐年增长，有效地带动了全社会 R&D 投入。

研发活动代表了高水平的科技活动，是科技链条的前端环节。R&D 经费占 GDP 的比重即研发强度，是国际通用的反映一国科技投入水平的重要指标。多年来北京市研发投入强度持续快速增长，在全国遥遥领先。2012 年北京市全社会 R&D 经费达到 1063.4 亿元，其中基础研究、应用研究、试验发展投入所占比重分别为 11.8%、22.7%、65.4%。该比重结构与发达国家比例结构基本一致。

与国内其他省（直辖市）相比，北京市 R&D 投入强度遥遥领先。北京市 R&D 投入强度一直保持高位运行，2002 年起已连续 10 年保持在 5% 以上的水平，成为推动北京市经济快速增长的动力。2012 年达到 5.95%，位居各省（直辖市）之首（第二位为上海 3.37%），远远高于全国 1.98% 的平均水平（图 4-6）。

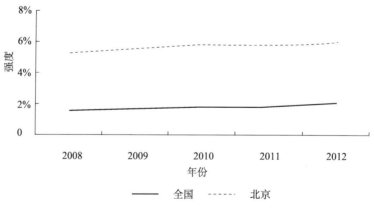

图 4-6　全国与北京 R&D 投入强度对比

与发达国家（地区）相比，北京 R&D 投入强度优势显著。根据世界经济合作与发展组织（OECD）公布的最新 R&D 数据（图 4-7），我们发现，北京市 R&D 投入强度明显高于发达国家平均水平，与台湾地区（2007 年，2.63%）相比，也具有较大的优势。

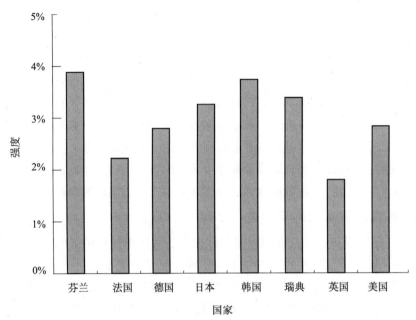

图4-7　2010年部分 OECD 成员国 R&D 投入强度对比情况

资料来源：OECD 网站

四、小结

从2009年以来民生科技环境各项指标来看，得益于改革开放以来北京市对科技工作的重视，以及近年来科技条件的持续优化和完善，首都民生科技环境得分稳步提升，无论是科技人才还是政策资金投入都保持持续增长势头，这为民生科技的发展提供了卓越的环境和条件。

1. 民生科技环境稳步改善，科技资源日益丰富

"十一五"以来，北京市已初步形成适合地区发展实际的财政科技投入稳定增长机制、相对合理的财政科技投入结构，有效带动了全社会的科技投入，增强了科技创新综合实力，科技基础设施建设、科技成果转化等工作取得明显成效。财政科技投入的增加带动了全社会研发经费的持续上升，R&D 经费结构逐渐优化。2012年北京市全社会 R&D 经费达到1063.4亿元，其中基础研究、应用研究、试验发展投入所占比重分别为11.8%、22.7%、65.4%。该比重结构与发达国家比重结构基本一致，这也符合北京的发展实际。

首都科技人才资源非常丰富。北京是全国人才智力资源的首富，集中了全国最多最优秀的人才，拥有全国1/3的国家重点实验室和众多孵化器，在全国1000多名两院院士中，北京地区就拥有600余名，占全国一半以上。北京的科技人才

高度集聚于第三产业。2012 年第一、第二、第三产业的 R&D 人员全时当量为 0.01 万人/年、6.12 万人/年和 17.41 万人/年,第三产业 R&D 人员占北京地区总量的 73.95%;2012 年第一、第二、第三产业的科技活动人员分别为 0.13 万人、16.24 万人和 48.73 万人,第三产业科技活动人员占北京地区总量的 74.85%。科技人力资源在三次产业中的分布,呈现向第三产业平稳的增长与集聚趋势:一方面是为适应新的产业革命和高层次的消费需求,新兴行业不断产生并加入到第三产业领域,对第三产业科技人才的需求愈发明显;另一方面是首都的城市功能定位和经济社会发展目标发生转变,集约型创新驱动的经济增长方式影响科技人力资源的产业配置结构,并逐渐向第三产业集聚的结构分布靠拢。

2. 科技政策试点逐步推进

"十二五"以来,北京市积极探索科技创新和成果转化的体制机制创新,通过科技成果转化"北京模式"的探索与实践,促进一批重大科技成果落地转化,取得了显著的成效。北京市坚持"全链条、全要素、全社会",促进科技成果转化的工作思路,与经济社会发展需求紧密结合,组建市场化的科技成果转化实体,从"发现—评价—培育—推进"四个环节建立科技成果转化工作机制,以工作思路创新和组织机制创新对科技成果、资金、人才、信息、政策、空间载体、基础设施、市场等要素进行优化组合,促进形成全社会共同参与、协同推进科技成果转化和产业化的新局面,实现多渠道发现科技成果,多因素评价科技成果,多途径培育科技成果,多主体推进科技成果转化和产业化。特别是通过中关村自主创新示范区建设,进行了力度较大、范围较广的创新政策试点,带动了全市科技工作的整体发展。

"十二五"期间,科技政策改革正逐步推进,但在具体落实层面,还存在一些问题。尽管北京市财政科技投入总量持续增加、结构不断优化,有效支撑了首都自主创新能力提升和经济社会发展,但财政科技经费分散在各部门,财政科技投入有待进一步聚焦;财政对科技人员支持方式仍待进一步创新,对科技人员激励作用仍待进一步提升;财政科技经费统筹机制仍待进一步完善,对科技成果转化和产业化支持力度仍待进一步加大;企业创新投入主体地位仍待进一步确立,研发费用加计扣除等政策仍待进一步落实。

3. 科技人才资源潜力尚待开发

虽然北京拥有丰富的科技人才,但由于多种原因,人才优势没有充分发挥出来,领军人才缺乏,高层次创新型科技人才数量仍显不足。目前北京真正作出原始性创新成果的科学家较少,能够跻身世界科学前沿参与国际竞争的尖子人才更少,复合型、创新型人才和学术带头人普遍短缺。

北京科技人才还存在结构性失衡,科技人才队伍构成和分布不平衡。这种不平衡首先体现在一些重点领域科技人才缺乏，一些传统产业科技人才供给过剩，新兴的高新技术产业所需要的科技人才供给则不足，尤其是在一些涉及国计民生的重要领域，如教育、交通运输、生态环保等领域急需大量人才。科技人才的不平衡还体现在企业科技人才短缺。科学技术人才的主体应该集中在企业，但是目前北京还没有达到这种状态，这种状况使相当数量的科技人才游离于市场创新之外。另外，科技人才流动不畅也阻碍着人才发挥作用。北京尽管有着丰富的人才资源和科技资源，但资源的条块分割现象没有根本改观，人才流动还存在着很多体制和制度上的制约。不同的隶属关系和利益关系制约着相互之间的交流、协作与联合，尤其是中央单位与市属单位科技人才资源之间尚未建立起有效的联系、合作机制与渠道，使北京的科技人才优势体现不足，科技人才资源尚未得到充分开发和利用，各地区、各部门、各单位之间缺少沟通和协调，尚未形成统一的人才保护政策。

第五章 首都民生科技驱动快速增强

首都民生科技驱动要素发展迅速，各项投入显著增加，本章通过物质条件、人力投入、资金支持三个方面来测度和评估首都民生科技投入要素的发展状况。

第一节 民生科技驱动指标体系

如表 5-1 所示，民生科技驱动是首都民生科技发展指数体系的一级指标，占总指标权重的 28%，包括 3 个二级指标和 8 个三级指标。民生科技驱动的 3 个二级指标体系分别是民生科技物质条件、民生科技人力投入和民生科技资金支持。

表 5-1 民生科技驱动指标构成及权重

一级指标	一级指标权重	二级指标	二级指标权重	三级指标	正逆	三级指标权重
民生科技驱动	28%	物质条件	8.4%	民生领域每名科技活动人员新增仪器设备费	正	4.2%
				民生领域大型科学仪器原值	正	4.2%
		人力投入	11.2%	民生领域科技活动人员占总科技活动人员的比重	正	3.4%
				企业民生领域科技活动人员占企业总科技活动人员的比重	正	3.4%
				民生领域 R&D 人员全时当量占总 R&D 人员全时当量的比重	正	4.4%
		资金支持	8.4%	民生领域 R&D 支出占地区生产总值的比重	正	2.5%
				民生领域 R&D 支出占总 R&D 支出的比重	正	3.4%
				企业民生领域 R&D 支出占企业 R&D 支出的比重	正	2.5%

民生科技物质条件是从民生科技科技活动开展所需的基本仪器设备角度来衡量民生科技的投入要素情况，它反映了一个地区的民生科技领域科技仪器设备的存量和增量情况。科技物质条件占民生科技驱动指标权重的 30%，占总指数的 8.4%，下设 2 个三级指标。

民生科技人力投入是从民生科技活动开展所需的科技人力资源角度来衡量民

生科技的投入要素情况，它反映了一个地区的民生科技领域科技活动人员及研发人员的情况。民生科技人力投入占民生科技驱动指标权重的40%，占总指数的11.2%，下设3个三级指标。

民生科技资金支持是从科技活动开展所需的资金角度来衡量民生科技的投入要素情况，它反映了一个地区的民生科技领域研发投入状况。民生科技资金支持占民生科技驱动指标权重的30%，占总指数的8.4%，下设2个三级指标。

第二节　2009~2012年首都民生科技驱动测算结果分析

一、首都民生科技驱动总得分情况

根据首都民生科技发展指数体系，北京2009~2012年民生科技驱动指数测算结果如图5-1所示。

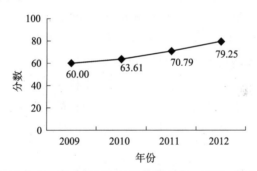

图5-1　2009~2012年首都民生科技驱动总得分

从图5-1可以看到，2009~2012年，首都民生科技驱动指标得分整体处于增长态势。民生科技驱动总得分从2009年的基准分60分增加到2012年的79.25分，年均增长率9.72%，平均年增长6.42分。尤其是2010年以后增长提速，年均增长率为11.62%。这说明，自2009年以来，首都民生科技各项投入要素总体增长显著，民生科技驱动力强劲，民生科技发展前景积极乐观。

二、物质条件测算结果分析

从图5-2可以看到，民生科技物质条件指标得分增长非常迅猛，从2009年的60分上涨到104.5分，年均增长率达到20.31%，年均增长14.83分，遥遥领先于其他民生科技驱动二级指标的增长速度，也带动了民生科技驱动指标得分的快速增加。尤其是2010年后，首都民生科技物质条件指标得分年均增长 28.83%，增长加速。这表明，近 5 年来随着对民生科技工作的重视，以及民生科技工作支持力度的增加，首都民生科技物质投入取得了日新月异的发展。

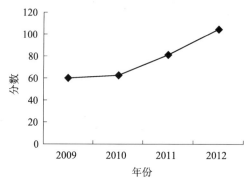

图 5-2　2009 ~ 2012 年民生科技物质条件得分

从各个三级指标的变化趋势来看，民生领域每名科技活动人员新增仪器设备费和民生领域大型科学仪器原值两个指标的增长都非常明显。其中民生领域每名科技活动人员新增仪器设备费从 2009 年的 0.6038 万元/人上升到 2012 年的 1.31 万元/人，总体增长了 116.95% ；民生领域大型科学仪器原值从 33.04 亿元上升到 43.41 亿元，总体增长了 31.37% 。可见，2009 年以来，无论是民生领域每名科技活动人员新增仪器设备费还是民生领域大型科学仪器原值，都呈现出快速增长趋势，尤其是前者增长超过 1 倍以上，这表明首都在民生科技领域仪器设备等基础投入上力度加强，显著扩充了民生科技领域的仪器设备条件，夯实了民生科技发展的物质基础（表 5-2）。

表 5-2　2009 ~ 2012 年民生科技物质条件三级指标情况

年份	民生领域每名科技活动人员新增仪器设备费/（万元/人）	民生领域大型科学仪器原值/元
2009	0.603 8	3 304 336 424
2010	0.585 8	3 728 635 572
2011	0.889 1	4 058 947 619
2012	1.310 0	4 340 887 678

专栏 1　首都民生科技物质条件发展状况

民生科技物质条件是开展民生科技活动的物质信息保障，是民生科技成果产生和转化的基础和载体，也是民生科技人才成长的摇篮。自 2009 年以来，北京市民生科技物质条件取得了日新月异的改善。从民生领域仪器设备费来看，自 2009 年以来，民生领域仪器设备费持续增加，年均增长率达到 45.54%。民生领域仪器设备费在全行业仪器设备费占比也呈现上升态势，仅在 2010 年有小幅下降

（图5-3）。

北京的科技物质资源开放试点，以首都科技条件平台为代表。平台共涉及8个领域，包括生物医药、电子信息、能源环保、新材料、装备制造、工业设计、现代农业、检测与认证。其中同民生科技直接相关的生物医药、能源环保、现代农业、检测与认证4个领域，共涉及仪器设备3644台/套，开放科技资源量15.581亿元，分别占总量的39.66%和36.77%（图5-4和图5-5）。

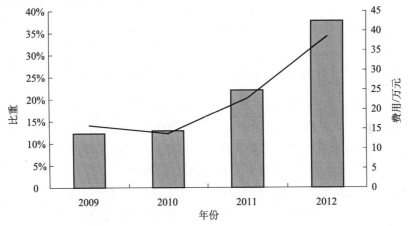

图5-3 2008～2012年民生领域仪器设备费情况

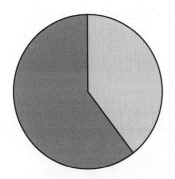

图5-4 首都科技条件平台仪器设备构成

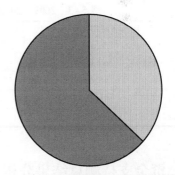

图5-5 首都科技条件开放科技资源构成

三、人力投入测算结果分析

从图5-6上可以看到，民生科技人力投入指标总体处于增长态势，年均增长率达到4.17%，年均增长2.61分，增长势头清晰稳定，增速平稳。由于民生科技人力投入的三级指标均为比例指标，所以这表明，近5年来随着对民生科技工作的发展，越来越多的科技工作者把研究的焦点聚焦在民生领域，首都民生科技人力投入在总的科技人力投入中占据的份额和比重越来越大。

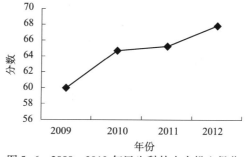

图 5-6　2009~2012 年民生科技人力投入得分

从各个三级指标的变化趋势来看，3 个三级指标均处于上升态势。其中民生领域科技活动人员占总科技活动人员比重从 2009 年的 43.04% 上升到 2012 年的 49.79%，企业民生领域科技活动人员占企业总科技活动人员的比重从 2009 年的 43.14% 上升到 2012 年的 52.19%，民生领域 R&D 人员全时当量占总 R&D 人员全时当量比重从 2009 年的 30.80% 上升到 2012 年的 32.56%。通过对比三级指标还可以发现，民生领域 R&D 人员全时当量占总 R&D 人员全时当量比重指标无论是绝对值还是增速都低于其他两个三级指标，这也说明当前涉及民生的科研活动仍是以应用研究和技术转移、技术扩散为主，民生科技研发人员投入在总体研发人员投入中占比仅为 1/3 左右（表 5-3）。

表 5-3　2009~2012 年民生科技人力投入三级指标情况

年份	民生领域科技活动人员占总科技活动人员比重	企业民生领域科技活动人员占企业总科技活动人员比重	民生领域 R&D 人员全时当量占总 R&D 人员全时当量比重
2009	43.04%	43.41%	30.80%
2010	46.65%	44.65%	34.38%
2011	46.11%	46.16%	34.39%
2012	49.79%	52.19%	32.56%

四、资金支持测算结果分析

从图 5-7 可以看到，民生科技资金支持指标总体处于增长态势，年均增长率达到 4.89%，年均增长 3.08 分，增速略高于民生科技人力投入指标。尤其是 2010 年以后，首都民生科技资金支持指标增长加速，年均增长率达 5.11%。这表明，随着近 5 年来对民生科技工作的重视程度不断增强，促进民生科技发展的资金投入显著增加，带动了民生科技发展的良好势头。

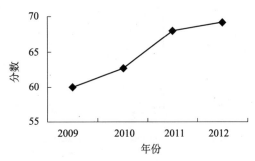

图 5-7 2009~2012 年民生科技资金支持得分

从三级指标的变动上看，民生科技资金支持下的 3 个三级指标均处于上涨态势。其中，民生领域 R&D 支出占地区生产总值比重指标涨势最显著，从 2009 年的 1.2975% 上升到 2012 年的 1.6203%，总体增长 24.87%。民生领域 R&D 支出占总 R&D 支出比重从 2009 年的 23.58% 上升到 2012 年的 27.24%。企业民生领域 R&D 支出占企业 R&D 支出比重从 2009 年的 31.54% 上升到 2012 年的 33.35%。企业民生领域 R&D 支出占企业 R&D 支出比重指标在 2010 年出现小幅下滑，这与当年企业统计口径发生变化有关（表 5-4）。

表 5-4 2009~2012 年民生科技资金支持三级指标情况

年份	民生领域 R&D 支出 占地区生产总值比重	民生领域 R&D 支出 占总 R&D 支出比重	企业民生领域 R&D 支出 占企业 R&D 支出比重
2009	1.297 5%	23.58%	31.54%
2010	1.517 2%	26.06%	26.46%
2011	1.566 2%	27.18%	32.61%
2012	1.620 3%	27.24%	33.35%

专栏 2　首都民生科技资金支持状况

从民生科技 R&D 经费支出构成来看，发展领域占据了最大份额，并呈现上升态势，从 2009 年的 63.5% 上升到 2012 年的 73.77%，除了出行领域从 2009 年的 8.45% 上升到 2012 年的 9.93% 以外，其他领域在民生科技 R&D 经费支出中的占比均呈现下降态势（图 5-8）。

从企业民生科技 R&D 经费支出构成来看，虽然发展领域呈现明显上升态势，但总体保持在 40% 左右，远低于发展领域在总体民生科技 R&D 经费支出中的占比。大量的科技资金集中于食、住、行、用等领域。其中食领域占比为 7%，住领域占比约为 20%，行领域占比为 15%~20%，用领域占比为 15%（图 5-9）。

随着《"科技北京"行动计划（2009—2012 年）》的发布，北京市生物医药产业跨越发展（G20）工程、国家现代农业科技城，以及"十城千辆节能与新能

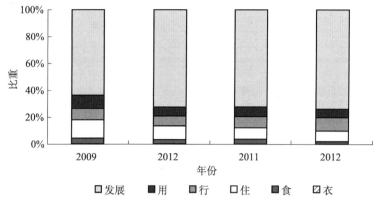

图 5-8　分领域民生科技 R&D 经费支出发展态势

图中灰的比例过低，没有显示出来

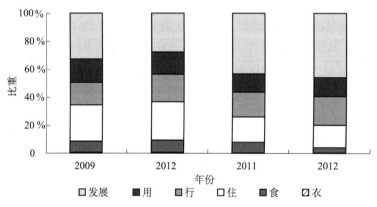

图 5-9　分领域企业民生科技 R&D 经费支出发展态势

图中灰的比例过低，图中没有显示出来

源汽车示范推广应用工程"等一大批民生科技工程和专项先后实施，带动了大量科技资金向民生领域集中，大力推动了民生科技的发展。

2010 年 4 月 23 日，北京市政府启动了 G20 工程。G 代表"Great"，"20"则意味着"二八"法则中最核心的"20%"。这一具有特殊含义的工程，通过创新政府工作机制，由北京市领导亲自挂帅，北京市科委牵头，北京市市经信委、中关村管委、北京市投促局等全产业链相关部门组成工作组，北京生物技术和新医药产业促进中心作为秘书处，全力推动产业跨越发展，使北京市生物医药产业站在了一个全新的起点上，迎来了前所未有的发展机遇。

北京市抓住了这一机遇。目前，生物医药产业已经成为北京经济的重要组成部分，G20 企业已成为北京生物医药产业的核心力量。作为落实"科技北京"行动计划和建设中关村国家自主创新示范区的重要举措，G20 工程卓有成效。在此背景下，北京市启动了 G20 二期工程，目标是推动生物医药产业向支柱型产业迈进。

北京建设国家现代农业农科城，以现代服务业引领现代农业，以要素聚集武装现代农业，以信息化融合提升现代农业，以产业链创业促进现代农业为主要特征，是我国农业科技自主创新的重要载体和标志，为全国现代农业发展提供技术引领和服务支撑。"城"旨在突破一般农业科技园区的技术示范、成果转化、生产加工功能，通过科技和服务的结合，从产业链创业的层面统筹"三农"发展，拉近城乡距离，实现产业、村镇、区域整体功能的突破与升级；通过资本、技术、信息等现代农业服务要素的聚集，形成"高端研发、品牌服务和营销管理在京，生产加工在外"（两端在内，中间在外）的服务模式。

"十城千辆"工程，全称为"十城千辆节能与新能源汽车示范推广应用工程"，由科技部、财政部、发改委、工业和信息化部在 2009 年启动。通过提供财政补贴，计划用 3 年左右的时间，每年发展 10 个城市，每个城市推出 1000 辆新能源汽车开展示范运行，涉及这些大中城市的公交、出租、公务、市政、邮政等领域，力争使全国新能源汽车的运营规模到 2012 年占到汽车市场份额的 10%。

五、小结

从 2009 年以来民生科技驱动各项指标来看，民生科技驱动要素发展迅速，民生科技投入显著上升，带动了首都民生科技的蓬勃发展。

1. 民生科技各投入要素显著增加

随着《北京市中长期科学和技术发展规划纲要（2008—2020 年)》和《"科技北京"行动计划（2009—2012 年)》的发布实施，北京市民生科技进入了高速发展阶段，各项资源投入数量显著上升，民生科技条件大大改善。通过各类科技计划对民生科技研究开发的支持，进一步加大了对民生科技应用示范、用户工程、新产品推广应用的财政支持力度，推进民生科技成果转化，并促进了产业化发展。在科技人才方面，北京市率先在全国建立了对接国家科技重大专项的统筹协调机制，近一半国家科技重大专项在京实施，大力引导企业和社会资金加大对民生科技的投入。结合各类科技创新人才推进计划的实施，民生科技人才逐步聚集。通过民生科技重大需求和任务的牵引拉动，鼓励和支持了民生科技人才的创新创业，锻炼和培养了民生科技人才队伍，多渠道、多手段支持和吸引创新人才和高技能人才向民生科技领域集聚。

近 5 年来，民生科技领域条件平台建设发展迅猛，民生科技领域无论是机器设备数量、科技资源量，还是国家和地方重点实验室（工程中心）数量都取得了长足的发展。北京市政府出台了引领全市科技发展的纲领性文件，部署实施"2812 科技北京建设工程"，给予了民生科技高度重视。

2. 民生科技需求巨大，相关投入仍存在一定缺口

对首都民生科技驱动指标作进一步分析，我们发现，民生科技总体投入仍然较低，无法满足当前民生需求，还需要进一步调整投入结构，加大投入力度。从R&D投入来看，民生领域研发投入占总研发投入比重不足1/3，比重偏低。民生科技牵涉人民群众最为关心的公共安全、生命健康、生态环保和生存发展，因此民生科技的需求丰富而又多元，需求潜力巨大，而相关的科技条件平台和科技资源的供给仍落后于需求。长期以来，政府在社会公共科技发展的提供上侧重营利性的科技基础设施建设，对民生科技需求类公共科技发展的投入明显不足。要提升民生科技的供给，满足民生需求，发挥科技服务民生的重大推动作用，首先就要增加民生科技投入。

同时，支持民生科技发展的相关制度还有待完善。民生科技创新的社会效益和生态效益非常明显，使其与一般的科技创新相比更需要政府的有效管理，需要政府通过政策上的支持和引导为民生科技创新提供制度支持和组织保障。结合首都民生科技发展现状不难发现，虽然北京市已对民生科技创新高度重视，并制定了许多相关的政策和措施去支持发展民生科技，但还没有形成较完备的法律法规促进民生科技的发展，与民生科技创新相关的科技融资政策、科技开发贷款政策、技术开发经费使用政策、科技人员奖励政策、减免税政策和产业政策还没有完全建立起来，不规范、不完善的其他制度（如专利法等），没有很好地为从事民生科技创新的企业和科研人才提供法律上的保障，制约了其积极性。

3. 发展民生科技重在应用研究和科技成果转化

民生科技贴近百姓的日常生活，以提升生活质量、改善生活条件为主要目标，因此民生科技发展涉及两个关键环节，一个是应用研究，另一个是成熟科技成果的转移和转化。

应用研究是把基础研究发现的新知识、新理论用于特定目标的研究，是基础研究与试验发展之间的桥梁。发展民生科技，迫切需要开展大量有特定目标和对象的应用研究，从而能够切实的解决人们在生活中遇到的各种问题，满足各种民生需求。因此，以应用研究为重点，将资源和要素在相关领域进行聚集和集中，才能发展好民生科技，切实地解决民生问题。当前北京在民生科技在应用研究方面的聚焦仍显不足，很多重要的民生问题还需要以应用研究领域的突破为契机。因此还需要进一步调整科技资源，明确应用研究方向。

发展民生科技另一个重要的环节是已有科技成果的转化。尽管北京市在促进科技成果转化方面出台了多项政策和措施，民生科技成果如何快速转化仍然是阻碍当前民生科技发展的一个主要障碍。很多民生科技行业成果转化的问题仍发生

在机理研究、样机制造、工业设计、临床试验、生产制造和市场流通之间，一方面在以科研项目形式为主的行业主要科研活动中缺乏企业的参与，另一方面在成果转化链条的中间环节仍有空白，即研发机构只承担机理研究，而企业主要从事生产甚至销售，产品需要的长周期临床测试没有得到相应关注，这又进一步影响了成果真正实现应用和转化。

第六章　首都民生科技成果显著增加

多年来，管理部门对民生领域科技工作的关注度不断上升，投入不断增大，首都民生科技成果产出的增长速度很快，取得了显著成就，科技对民生改善发挥了一定效果。本章从科技知识创造、科技应用、科技对 4 个主要民生领域的改善情况等几个方面来测度和评估首都民生科技成果的增长情况、民生科技成果在首都整体科技工作成果中的地位和水平，以及科技对民生改善所起到的作用。

第一节　民生科技成果指标体系

如表 6-1 所示，民生科技成果是首都民生科技发展指标体系的一级指标，占总指标权重的 25%，包括 6 个二级指标和 16 个三级指标。民生科技成果的 6 个二级指标体系分别是民生科技知识创造、民生科技应用、人口健康改善、生态环境改善、公共安全改善和文化教育改善。

表6-1　民生科技成果指标构成及权重

一级指标	一级指标权重	二级指标	二级指标权重	三级指标	正逆	三级指标权重
民生科技成果	50%	民生科技知识创造	12.5%	民生领域专利申请数占总专利申请数比重	正	4.25%
				民生领域发明专利申请数占总发明专利申请数比重	正	4.25%
				民生领域科技论文占总科技论文比重	正	4%
		民生科技应用	12.5%	民生领域工业企业新产品销售收入占全市企业总新产品销售收入比重	正	6.25%
				民生领域企业技术获取及技术改造支出占全市企业技术获取及技术改造支出比重	正	6.25%
		人口健康改善	7%	婴儿死亡率	正	3.5‰
				急诊抢救成功率	正	3.5%
		生态环境改善	8%	水质量改善	正	2%
				空气质量改善	正	2%
				土地质量改善	正	2%
				清洁能源消费占总能源消费比重		2%
		公共安全改善	5%	食品药品抽验合格率	正	1.5%
				水库水符合Ⅱ类及Ⅲ类水质标准面积占比	正	1.5%
				事故灾难防控	正	2%
		文化教育改善	5%	中小学及高校电子图书藏量	正	2.5%
				宽带接入用户	正	2.5%

民生科技知识创造是指民生领域科技创新活动的直接产出成果，主要包括专利、论文等，反映了民生领域研究的水平和经济化趋势与程度，以及在全市创新成果中所占的比重。民生科技知识创造占民生科技成果指标权重的 50%，占总指数的 12.5%，下设 3 个三级指标。

民生科技应用是指企业在民生领域的市场活动和研发活动强度，主要包括民生领域工业企业新产品销售收入占全市总新产品销售收入比重、民生领域企业技术获取及改造支出占全市企业技术获取及技术改造支出比重等，体现了民生科技创新对促进经济发展的作用程度，以及民生科技创新成果应用在全市的地位。民生科技应用占民生科技成果指标权重的 25%，占总指数的 12.5%，下设 2 个三级指标。

人口健康改善指标是从科学技术对人民身体健康产生直接影响的角度来衡量地区民生改善情况，反映了地区居民健康水平受到科技影响后的变化情况。人口健康的指标占成果指标权重的 14%，占总权重的 7%，下设 2 个三级指标。

生态环境改善指标从科技活动对自然环境改善的角度来衡量地区民生改善的状况，反映了一个地区的科技改进对环境的改善状况。生态环境指标占成果指标权重的 16%，占总权重的 8%，下设 4 个三级指标。

公共安全改善指标是从科技活动对公共安全工作产生的影响来衡量地区公共安全水平的变化，该指标反映了一个地区的公共安全情况在科学技术手段介入之后的改善程度。公共安全指标占成果指标权重的 10%，占总权重的 5%，下设 2 个三级指标。

文化教育改善指标是从科技活动对文化教育领域产生的影响来衡量地区文化教育的水平，该指标反映了一个地区的文化教育在科学技术影响下的变化情况。文化教育指标占成果指标权重的 10%，占总权重的 5%，下设 2 个三级指标。

在首都民生科技发展指标指数体系的基础上，导入 2009～2012 年的数据对首都民生科技成果情况的动态变化进行测算。结果表明：首都民生科技成果指标在统计期内总体呈上升发展的趋势，经历了 2009～2010 年的大幅上扬后，在全市科技工作中的比重保持稳定，规模和水平不断提升。

第二节　2009～2012 年首都民生科技成果测算结果分析

一、首都民生科技成果总得分情况

2009～2012 年民生科技成果指数测算结果如图 6-1 所示。可以看到，2009～2012 年首都民生科技成果指标得分增长幅度较大，从 2009 年基准分 60 分提高到

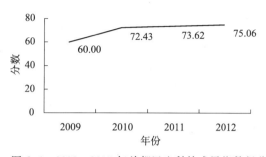

图 6-1 2009～2012 年首都民生科技成果指数得分

2012 年的 75.06 分。尤其是 2010 年增长迅猛，年增长率达 20.71%。考虑到同时期其他指标的变化，特别是科技驱动方面政策指标在 2010 年的大幅上升，综合分析成果指标的变化原因，应当与 2009 年若干重要政府文件的发布和 2010 年地区科技投入的大幅增加有较直接的关系。2009 年 2 月，北京市委市政府正式发布并开始实施《"科技北京"行动计划（2009—2012 年）》，明确提出要使"科技对首都经济社会发展支撑能力大幅度提高"，要加快生物医药、新能源与环保、文化创意、现代农业等同民生有关的重点产业发展，并强调要集中力量推广和应用一批新技术、新产品、新工艺，实施 12 项科技支撑民生的重点工程，提出了具体的技术攻关要点。计划公布后，市级财政显著加大了在科技方面的投入，2009～2010 年，北京市研发经费内部支出的年增长幅度达到 22.9%，一大批科技项目，特别是民生领域科技项目得以设立，产出了众多论文、专利等创新成果；而政府科技投入和政策优惠方面对民生领域的倾斜也使得民生领域创新成果在全市科技成果中的占比在 2010 年大幅提高。由于成果指标选用的主要是民生行业在全市所有行业中的相对值，在 2010 年之后尽管从指标数字上看趋于稳定、没有更明显的增长，但考虑到全市科技产出规模的不断扩大和创新水平的不断上升，首都地区民生科技成果产出也在持续性的增长之中。此外，科技活动对民生改善的作用也在人口健康、生态环境、公共安全和文化教育等几个重要领域中得到了比较明显的体现。

二、民生科技知识创造测算结果分析

从图 6-2 可以看出，2009～2012 年首都民生科技知识创造指标的增长曲线与民生科技成果指标类似，2009～2010 年增长较快，随后呈平稳发展，整体保持正向增长，2012 年指标比 2009 年提高 6.27 分，增长 10.45%。尽管知识创造指标在 2011 年出现小幅回落，但这项二级指标下设的所有三级指标均为比值指标，若以绝对值看，民生领域论文、专利等知识创造成果的数量事实上仍在持续增加。

值得注意的是，同科技应用指标相比，科技知识创造指标增长曲线更明显地

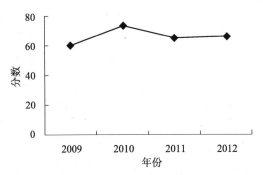

图 6-2　2009~2012 年民生科技知识创造得分

　　受到民生科技政策指标变化的影响，2009~2010 年上升幅度最大，此后两年则有所回落，特别是在科技论文占比方面反映的尤为明显。这一趋势也证实了政府科研经费的投入规模和投入强度对前端科技创新的产出仍有着直接影响。

　　总体看各年度发展趋势，指标反映，在论文和专利产出等直接成果方面，民生领域科技工作发挥了首都科技资源汇聚的高地优势，取得了可喜的成绩，在全市科技成果中的占比有所上升。在知识产权工作方面，2009 年以来，在《"科技北京"行动计划（2009—2012 年）》的指引和带动下，全市各级政府部门积极修订和完善各类政策，建立知识产权联盟、产业联盟、创新联盟等平台，联系在京的中央高校院所等优质科研资源，鼓励其将研究成果在京申请专利、实现转化，全市专利申请和授权数量逐年上升；在整体上涨的形势下，民生领域的专利授权数占比增加，说明民生领域专利申请和授权绝对数量的增长速度更快，在全市创新工作中发挥着越来越重要的作用。在论文产出方面，当前全国各级各类高校和科研院所普遍重视科技论文，特别是国际科技论文的发表和引用，将论文发表和引用作为评价科技工作者和研究团队的重要指标，因此全国和北京地区的科技论文数量上升速度很快。特别是 2009~2010 年在政策引导下开展了一大批民生领域科技项目，而目前科技论文的发表仍是科技项目考评的重要标准之一，使得当年度民生领域科技论文占比出现了显著增加。尽管到 2012 年民生论文占比指标再次回落到与 2009 年接近的水平，但绝对数量仍有较大幅度增长。

　　知识创造指标下的三级指标主要采用横向比较的方式，分析民生领域科技成果在全市成果中的占比。从各个三级指标的变化趋势来看，民生领域专利申请数占总专利申请数比重、民生领域发明专利申请数占总发明专利申请数比重两个指标的走势比较平稳、小幅上升，民生领域科技论文占总科技论文比重指标则在 2010 年到达峰值，随后逐步回落。其中，民生领域专利申请数占总专利申请数比重由 2009 年的 20.15% 上升到 2012 年的 22.79%，而民生领域发明专利申请数占总发明专利申请数比重则从 2009 年的 26.14% 增长到 2012 年的 29.95%，两项指标 4 年间增长率相差不大，基本呈现同步变化。一般认为，发明专利的科技含量最高，是新产品和新工艺的核心，能够在很大程度上反映创新主体的技术开发能力和核心竞争力。这项指标的小幅增长，说明民生领域创新主体在全市创新活动中的地位有所上升。而民生领域科技论文占总科技论文比重虽然变化不大，仅由 2009 年的 30.18% 上升到 2012 年的 30.96%，但全市科技论文绝对数量则从 2008 年的 269 949 篇增加到 2012 年的 395 601 篇，数量增长超过 46%，反映在民生领域科技论文绝对数上也仍有比较显著的增长。如前文所述，论文指标在 2010 年的突然上升和次年的下落，可能与 2009 年开始设立的一批科技项目绩效要求有关（表 6-2）。

表 6-2　2009~2012 年民生科技知识创造三级指标情况

年份	民生领域专利申请数占总专利申请数比重	民生领域发明专利申请数占总发明专利申请数比重	民生领域科技论文占总科技论文比重
2009	20.15%	26.14%	30.18%
2010	23.53%	30.83%	40.17%
2011	22.14%	28.00%	32.31%
2012	22.79%	29.95%	30.96%

专栏 1　首都民生科技知识创造成果情况

进入 21 世纪以来，北京市政府和财政不断加大科技方面的投入，也取得了较显著的成效。从知识创造整体情况上看，北京的研发能力和科技实力继续保持国内领先，科技成果丰硕，每年开展科研课题 3 万多项，完成科技成果 1 万多项。2006~2012 年，北京地区共有 539 个通用项目分获国家级自然科学奖、技术发明奖、科技进步奖，占全国总数的 28.4%；全国共产生 8 项技术发明奖一等奖，北京牵头完成 5 项；产生 5 个科技进步奖特等奖，北京牵头完成 3 项。国家最高科学技术奖设立以来共产生 22 位获奖者，其中 17 位来自北京地区，充分体现了北京原始创新的能力和潜力。2008~2012 年，北京地区各类机构产出的科技论文数量增长将近 5 成，创新潜能不断提升。此外，政府科技经费的投入有效地带动了社会创新资金，仅以 2011 年为例，当年度市政府统筹 100 亿元政府资金，支持了 300 个重大科技成果转化和新兴产业项目，带动社会项目资金 760 亿元。

聚焦民生领域，近年来北京地区涌现出了一批具有自主知识产权的高水平创新成果。特别是在"科技北京"计划及相关重大专项与工程的带动下，在关系到北京城市发展和人民生活的关键领域，产生了若干国内领先、国际一流的科技成果，如基于通信的轨道交通列车控制系统、建筑施工扬尘防治关键技术、危险疾病防治科技攻关、重大危险源可视化监测系统等成果，多数都已经在全市实现了较大规模的应用推广，在城市管理、环境保护、人口健康和公共安全等重点民生领域，科技成果的数量和水平不断上升。

具体到创新活动直接创造的知识性成果方面，随着论文数量的不断增长，北京地区民生领域专利和发明专利的申请量和授权量也有了明显增加。2010 年，与民生息息相关的"生活需要"类发明专利数量在全市 8 类专利分类中排名第二。其中，环境保护行业专利工作水平尤为突出，北京地区环境保护行业的每百万人专利申请数量超过 130 件，发明专利授权率为 35.78%，即每 100 件发明专利申请中有 35.78 件通过授权，专利申请规模和专利申请质量均在全国环境保护行业中排名第一。

民生科技活动的根本目的是解决和满足人民生活中的关键问题和关键需要，以应用为导向，面对问题寻找方法，将新的技术创意和专利早日转变为市场销售产品，让技术成果能够真正为大众所使用。目前在很多民生领域仍存在外资企业专利垄断的现象，北京市民生领域专利数量的增长，应当能够为在京企业的商业活动和市场竞争提供有力的武器，通过行业共性技术平台等中介平台的协调和帮助，使众多中小民生行业企业在市场竞争中站稳脚跟。目前民生领域的知识创造规模不断扩大，成果数量、成果水平、专利数量、专利申请质量等众多指标均呈高速发展，下一步应加强对专利等技术成果实际投入生产这一阶段的关注。特别是在当前调整政府与市场关系的背景下，有关管理部门应进一步加强对成果从"知识"到"产品"这一转化阶段的重视，调整民生领域应用类科技项目评价标准、加快民生领域科技成果共享与转化中介平台建设速度、完善面向民生的高校院所资源开放共享机制、建立民生领域专利向产品的转化激励机制。

三、民生科技应用测算结果分析

如图 6-3 所示，在全部指标中，民生科技应用指标的增长幅度较大，从 2009 年基准分 60 分稳步上升，到 2011 年达到峰值 102.06 分，2012 年略有回落，为 99.64 分。同其他几个成果指标相同，应用指标也在 2009～2010 年增长最快，年增长 33.11 分。从数据上看，全市民生领域企业普遍重视创新技术投入，用于民生的创新技术投入在全市企业创新投入中的比重不断升高；而在产品销售方面，民生领域新产品的销售额占比和绝对数变化都比较平稳。

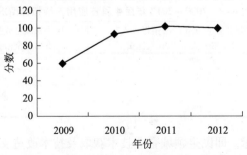

图 6-3　2009～2012 年民生科技应用得分

　　该二级指标包含 2 个三级指标。第一个三级指标统计了 2009～2012 年民生领域工业企业新产品销售收入占全市所有企业新产品销售收入的比重，主要反映了在区域企业创新中民生领域企业的创新绩效及水平；第二个三级指标计算了民生领域企业用于技术获取和改造的支出占全市企业技术支出比重，反映了民生企业创新投入的积极性、规模，以及在全市企业创新投入中民生企业所占的份额。

　　表 6-3 反映出了三级指标的波动情况。在三级指标中，民生领域工业企业新产品销售收入占全市企业新产品销售收入比重在 2009～2012 年呈现波动态势，总体略有上涨。在 2009～2011 年的连续增长后，2011 年该指标出现下降，数值为 4 年最低的 16.74%，而次年则略有回升，最终在 2012 年，民生领域工业企业新产品销售收入在全市企业新产品销售收入中的占比为 18.06%。新产品销售收入指标直接反映了创新活动对销售额的贡献，从该项指标上看，尽管民生领域企业研发投入占比快速上涨、民生领域企业专利数量占比也略有上升，但研发投入的增长反映在企业实际市场活动的产出方面，贡献仍不突出。2009 年该指标为 17.52%，到 2012 年是 18.06%，占比上升幅度很小。从全市角度看，2008 年以来，北京地区规模以上工业企业创新活动呈现出稳中有升的态势，但创新活动对工业销售的贡献程度仍有待提高。受到全市战略定位和产业发展定位调整的影响，北京地区规模以上工业企业数量自 2008 年以来不断下降，2012 年数量仅为 2008 年的一半左右，但主营业务收入却明显上升，上升幅度达到 49.92%，可见单个工业企业的收入额显著增长，全市规模以上工业企业正在向高端化发展。但是，在单个企业主营业务收入明显上升的同时，新产品销售收入的上升速度相对趋缓，特别是 2008～2012 年，新产品销售收入与主营业务的比值这项衡量企业创新能力和水平的关键性指标始终呈现波动起伏的状况，2012 年甚至出现 5 年最低点的 19.62%。因此，这段时期全市企业新产品销售情况同样显示出波动起伏状况，可见民生领域企业在新产品销售绝对数上的进步也并不明显。如何将整体研发投入真正转化为企业的实际销售产出，仍将是民生领域企业面临的重要问题。

表 6-3　2009～2012 年民生科技应用三级指标情况

年份	民生领域工业企业新产品销售收入占全市企业新产品销售收入比重	民生领域企业技术获取及技术改造支出占全市企业技术支出比重
2009	17.52%	22.56%
2010	19.98%	44.29%
2011	16.74%	55.18%
2012	18.06%	51.66%

　　另一个三级指标，即民生领域企业技术获取及技术改造支出占全市所有企业同类支出的比重 2009～2011 年保持高速增长。2009 年，民生领域企业的技术获

取及技术改造支出占全市企业同类投入的22.56%，到2011年，这一比例增长一倍，达到55.18%。2012年虽略有回落，也仍保持在51.66%，显示出民生领域企业同全市其他领域企业相比，创新投入的积极性较高。"十五"以来，特别是在2008年国务院发布《企业研究开发费用税前扣除管理办法（试行）》以来，企业在研发方面经费投入数额持续升高，在民生领域企业中反映得尤其明显。应当说，现行各类优惠政策有效提升了民生企业参与创新的积极性，这类企业在全市企业创新投入中所占份额大幅增加。

企业用于技术获取和改造的投入上升，而新产品销售收入则没有明显变化，事实上可以在一定程度上反映出，目前北京地区民生行业企业在进行市场竞争时，相对更倾向于通过改造已有的生产技术而降低成本并获得更大利润，而不是使用新产品拓展市场空间。民生领域企业的产品创新偏少，过程创新较多。

四、人口健康改善测算结果分析

从图6-4可以看到，人口健康改善指标的总体走势与民生科技成果指标的增长趋势相同，指标成长最高值为2011年的63.74分，年均增长1.88分。

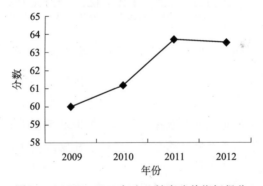

图6-4 2009~2012年人口健康改善指标得分

从各个三级指标的变化趋势来看，表6-4显示，婴儿死亡率指标虽然变化幅度不大，但是考虑到现代医学在母婴保护方面已经比较完善，婴儿死亡率已经保持在较低水平，北京地区婴儿死亡率由2009年的3.49‰下降到2012年2.87‰，表明北京市在保证婴儿成活率的工作中取得了稳定成绩。此外，急救抢救成功率从2009年的97.31%升高到2010年的97.49%，又在2011年回落至97.35%。从指标的总体变化趋势来看，北京的人口健康状况在向好的方向发展，这与北京市政府在《"科技北京"行动计划（2009—2012年）》中明确提出要重点推动公共卫生应急平台技术创新与应用不无关系。

表 6-4   2009～2012 年首都人口健康改善三级指标情况

年份	婴儿死亡率	急诊抢救成功率
2009	3.49‰	97.31%
2010	3.29‰	97.49%
2011	2.84‰	97.35%
2012	2.87‰	97.35%

专栏2   首都人口健康改善状况

2007～2012 年，北京市人口健康情况得到不断改善。6 年间，北京市户籍居民期望寿命增长近 1 岁（图 6-5）。

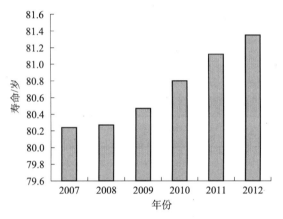

图 6-5   2007～2012 年北京市户籍居民期望寿命

与全国其他城市相比，北京市人口健康指标也名列前茅。2009～2012 年，与其他 3 个直辖市相比，北京市婴儿死亡率和急救成功率基本处于领先水平。在婴儿死亡率方面（重庆市无此项数据统计），除 2009 年婴儿死亡率指标略高于上海市之外，其余 3 年北京市婴儿死亡率一直低于其他两个直辖市（图 6-6）。

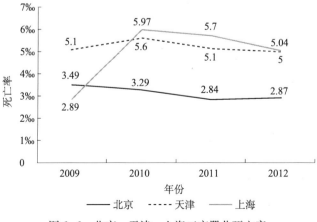

图 6-6   北京、天津、上海三市婴儿死亡率

在急诊抢救成功率方面，北京市也处于 4 个直辖市中的领先位置。仅以 2011 年数据为例，北京市急救成功率为 97.35%，天津为 86.23%，上海为 96.67%，重庆为 97.91%，北京位列第二（图 6-7）。

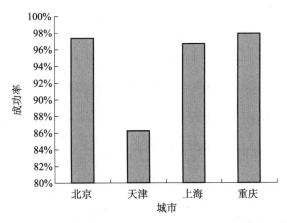

图 6-7　2011 年北京、天津、上海、重庆四市急救成功率

北京市人口健康情况改善与政府不断加大对卫生领域的资金投入、不断在该领域探索创新管理机制有关。2009 年，北京市政府颁布了 2009～2012 年《北京市医疗卫生信息化服务提升计划》。该项计划中为医疗卫生信息化服务工作提出了 8 项任务，即全面改善卫生信息化网络环境，提升医疗卫生信息化服务支撑水平；构建市区两级中心数据库，夯实医疗卫生信息化的数据基础；逐步推广使用社会保障卡，规范、统一就诊卡；改善居民就医支付环境，实现医院刷卡支付无障碍；各级医院要按照《北京地区医院信息系统基础设施运行与管理规范》，加强日常维护，保障系统和设备的稳定运行，全面提升医院管理信息系统建设应用水平；以面向病人服务为目标，规范各级医疗卫生机构网站和服务热线标准，建设卫生保健综合服务网站群和门户网站，实现门户网站与 12320 公共卫生综合服务热线呼叫系统的整合，提供包括"寻医问药、健康咨询、预约挂号、检查结果查询、政策咨询、投诉举报"等内容的"一站式"信息服务导引；推进远程医疗服务，提高面向农村基层的医疗服务质量；建立覆盖居民生命全周期的电子健康档案。

五、生态环境改善测算结果分析

从图 6-8 中可以看到，过去 4 年中，民生科技对首都地区生态环境的改善带来了积极的影响。2009 年的情况为 60 分，2012 年比 2009 年增长 2.2 分，增长 3.6%。

从各个三级指标的变化趋势来看，水质量改善、空气质量改善、土地质量改

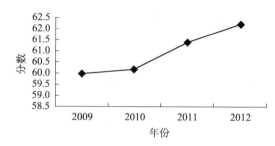

图 6-8 2009～2012 年生态环境改善指标得分

善和清洁能源消费占总能源消费比重 4 个三级指标得分均有所增长，这一趋势同市政府颁布执行了一系列的环境保护措施有关，包括整治违法排污企业保障群众健康环保专项行动、城六区 20T/h① 以上燃煤锅炉清洁能源改造等多项行动(表6-5)。

表6-5 2009～2012 年首都生态环境改善三级指标情况

年份	水质量改善/分	空气质量改善/分	土地质量改善/分	清洁能源消费占总能源消费比重
2009	61.00	61.48	60.11	43.11%
2010	61.68	61.60	59.75	43.18%
2011	62.63	62.74	60.12	44.84%
2012	63.76	62.92	60.81	45.79%

专栏3 首都生态环境改善状况

"十二五"期间，环保部颁布了"国家'十二五'污染减排核算范围统计"。在更加严格的标准下，北京市的环境状况数据仍保持逐年改善，这与北京市政府近年来在环保工作方面不断完善法规标准、持续追加规划投资、严格执行污染减计划排等工作密切相关。

在法规标准方面，北京市政府在废气排放、大气污染、水污染、车辆燃油标准、车用燃油标准等方面颁布落实了 20 余项法规政策，在环境保护方面的工作力度不断加大。

在规划投资方面，北京市 2009～2011 年 3 年间在环境保护方面的规划投资不断上涨（图6-9），其中 2009 年投资 317.56 亿元、2010 年投资 374.97 亿元、2011 年投资 409.71 亿元，3 年增幅近 30%。

在污染减排方面，北京市政府从多个方面、多个层次开展工作，不断降低污染排放总量。

"十五"期间，北京市政府共关停了 11 家年产能 20 万吨以下水泥企业、19 家采矿企业、22 家采石企业，淘汰 11 家小化工企业、56 家铸造企业和 7 家煤气

---

① 1MW = 1.379T/h。

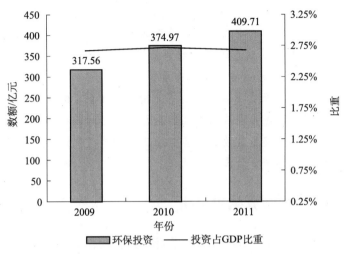

图 6-9　2009～2011 年北京市环保规划投资

发生炉使用单位，完成中心城区 7.2 万户平房居民清洁能源改造和 21 台 20 蒸吨以上燃煤锅炉改用天然气或热力。远郊区县城关镇 7 座集中供热中心及配套高效脱硫工程、燕山石化催化裂化三号装置烟气脱硫工程建成投运，完善四大燃煤电厂脱硫设施自动化控制系统等措施，有效削减了二氧化硫的排放量。

　　2010 年，围绕"调结构、转方式"的大局，采取调整产业结构、建设治污工程、严格环境监管等措施，推进污染减排。在结构调整方面，首钢石景山厂区冶炼、热轧工艺停产，43 家"三高"企业退出，关停了京丰热电公司两台燃煤机组、11 家水泥厂和 66 座石灰窑等落后产能企业，淘汰更新了 50 372 辆黄标车，示范应用了 727 辆国 V 柴油公交车。在治污工程方面，全市 1050 蒸吨的燃煤锅炉和中心城区 1.3 万户居民采暖改用了清洁能源，远郊区县建成了 3 座集中供热设施，定福庄向高碑店调水工程、通惠河北岸截污工程及门头沟卧龙岗再生水厂等建成投运。在监督管理方面，加强污染源在线监测系统运行管理，启动了重点污染源自动监控能力建设（一期）项目，完成了污染减排统计、监测、考核"三大体系"建设。

　　2011 年，北京市着力推进产业结构调整，首钢石景山厂区冶炼和热轧工序、北新建材集团股份有限公司、北京新港水泥制造有限公司、北京天利海香精香料有限公司等重点企业实现停产。继续提高清洁能源使用率，削减燃煤污染。中国石化北京燕山分公司 3 号催化裂化装置烟气除尘脱硫工程等污染治理工程建成并投入运行。深化污水污染治理和污水再生利用，完成清河污水处理厂扩建，东坝、堡头五里坨、百善等污水处理厂主体工程，建成投运 14 座城镇污水处理厂。

　　2012 年，北京市大力开展结构减排和工程减排，259 家污染企业关停推出，双山水泥集团、北京鹿牌都市生活用品有限公司等企业实现原址停产。北小河污水处理厂再生水工程、清河污水处理厂三期、通州区台湖污水处理厂、平谷区马坊污水处理厂、房山区长沟水处理厂、海淀区翠湖再生水厂、顺义新城温榆河水资源利用工程（二期）等投入运行，全市新增污水处理和再生水生产能力 32 万吨/日。机动车和农业源污染物总量减排取得新进展。

正是由于北京市政府对环保工作的不断投入，北京市的生态环境过去 4 年间得到了不断的改善。环保治理成果同实际生活感受之间具有一定的滞后性，随着空气质量、水质量和土壤质量改善等各方面工作的持续推进，居民日常生活中对环境质量改善的感受还需要后续跟进调查。

六、公共安全改善测算结果分析

从图 6 - 10 可以看出，2009 年起，首都公共安全改善的指标得分变化规律并不明显，指标整体出现上升、下降、再上升的情况。2012 年与 2009 年的结果相比，公共安全改善得分略有上升，增加 1.14 分，从整体看无法得出上升或下降的趋势。因此，可以认为首都公共安全工作水平基本保持平稳状态。

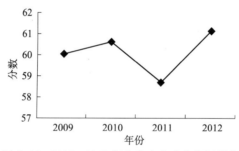

图 6 - 10   2009 ~ 2012 年公共安全改善指标得分

表 6 - 6 列出了影响公共安全改善指标的 3 个三级指标，分别是食品药品抽验合格率、水库水符合Ⅱ类及Ⅲ类水质标准面积占比、事故灾难防控。

表 6 - 6   2009 ~ 2012 年首都公共安全改善三级指标情况

年份	食品药品抽验合格率	水库水符合Ⅱ类及Ⅲ类水质标准面积占比	事故灾难防控/分
2009	89.9%	89.9%	63.39
2010	89.5%	89.5%	65.50
2011	87.4%	87.4%	62.53
2012	90.8%	90.8%	65.45

在食品药品抽验合格率方面，2010 年和 2011 年抽检合格率略有下降，而 2012 年不仅合格率回升，且超过 2009 年的 89.9%，达到 90.8%。在近年来全国较为严峻的食品安全形势大背景下，可以认为，与其他地区相比，首都地区的食品药品的合格率情况在向相对较好的方向发展。

在水库水符合Ⅱ类及Ⅲ类水质标准面积占比方面，数据变化呈波动起伏，且变化较大，最低值为 2011 年的 87.4%，最高值为 2012 年的 90.8%。由于北京地区的水库水基本是由外埠水源调运进京的，水库水源水质的变化并不能说明北京本地水体水系统受到了污染，水资源整体情况还需要更多横向和纵向的观察。

在事故灾难防控方面，过去 4 年的指标也呈波浪形变化，其中以 2010 年的 65.5 分为最高，2011 年的 62.53 分为最低。该指标是由道路交通万车死亡率、10 万人生产安全事故死亡率、火灾事故损失率、火灾起数 4 个因素复合而成，检视每一个组成指标情况，4 年间，仅有"10 万人生产安全事故死亡率"略有上升，2012 年比 2009 年上升 0.32%。其他三项指标都呈明显下降的趋势。其中火灾起数由 2009 年的 5675 起下降至 2012 年的 3418 起，道路交通万车死亡率从 2009 年的 2.4 人/万车下降至 1.77 人/万车。由于各项数据的变化幅度均较小，总分呈现波动。这说明在过去 4 年间，首都地区有效地降低了火灾的发生次数、损失率及道路交通事故的死亡率，一些影响居民生命财产安全的主要事故得到了比较好的控制。

专栏 4　首都公共安全改善状况

首都公共安全改善状况在 2009 ~ 2012 年保持平稳，这与北京市政府在安全生产、食品药品安全和水污染方面的努力密不可分。

2010 年，北京市在"十一五"期间的安全生产工作目标得到基本完成（表 6-7）。2011 年，为了在"十二五"末实现北京市安全生产形势根本好转，市政府制订了《北京市"十二五"时期安全生产规划》，该项规划中特别强调在 2013 年年底前，本市煤矿、非煤矿山、危险化学品、烟花爆竹、冶金等行业（领域）企业要完成对重点设备设施、重点工艺环节、危险区域、重要岗位，以及影响生产作业安全的环境状态的监控和预警处置。市政公用、人防工程使用、轨道交通建设及运营等企业要利用信息化和物联网技术，建设并完善视频监控、远程监测、自动报警智能识别等安全防护系统。

表 6-7　北京市"十一五"时期安全生产规划主要指标完成情况

序号	指标名称	2005 年	"十一五"规划目标	2010 年
1	亿元 GDP 生产安全事故死亡率/（人/亿元）	0.26	0.24	0.085
2	工矿商贸从业人员 10 万人生产安全事故死亡率/（人/10 万人）	2.21	2.1	1.45
3	煤矿百万吨死亡率/（人/百万吨）	3.12	2	0.499
4	金属非金属矿山事故死亡人数/人	7	6	0
5	危险化学品事故死亡人数/人	3	2	0
6	烟花爆竹事故死亡人数/人	0	0	0
7	建筑施工事故死亡人数/人	93	84	60
8	特种设备万台事故死亡率/（人/万台）		0.8	0.11
9	道路交通万车死亡率/（人/万车）	5.86	6	2.03

在食品药品安全方面，"十一五"期间，市政府在监管机制方面不断创新，完善"三品一械"准入体系、辖区责任体系、多部门联动和跨区域协作机制，形成了药品追溯、电子监管、风险管理等一系列科学监管模式，建立了应对各类突发公共卫生事件医药物资储备体系。市政府还不断完善药品监管服务，向公众发放安全用药宣传资料700余万份、信息3000余万条，建立北京市药品非紧急救助中心，公众满意度逐年提升；优化行政审批，营造良好环境，医药产业健康快速发展；积极推进医药卫生体制改革，保障基本药物质量安全。

在水质方面，虽然北京市水库水质2009～2012年呈波动式变化，但是北京市饮用水卫生合格率不断上涨（图6-11）：北京市饮用水监督覆盖率和监督合格率在2009年分别为92.17%和98.9%，2012年分别为97.95%和99.8%，其中覆盖率上涨5.78%，合格率上涨0.9%。

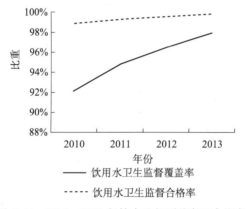

图6-11　2010～2013年饮水监督覆盖率和合格率

七、文化教育改善测算结果分析

从图6-12可以看出，北京地区文化教育改善是涉及民生改善的4个二级指标中情况改善最明显的指标，该指标对民生改善指标整体增长的贡献最大。2012年文化教育指标得分86.22分，年均增长8.74分。数据表明，北京地区文化教育工作在民生科技的推动之下，取得了长足的进步。

表6-8是文化教育改善指标所包含的两个二级指标，中小学及高校电子图书藏量和宽带接入用户。从表中数据可以发现，这两个指标的数据在过去4年中高速增长，中小学及高校电子图书藏量扩大了359 008.91千兆字节，宽带用户增加了513.6万户。这样的增长要部分归功于《"科技北京"行动计划（2009—2012年）》和《北京市中长期科学和技术发展规划纲要（2008—2020年）》，同时也有

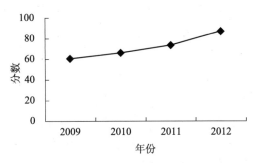

图6-12 2009~2012年文化教育改善指标得分

赖于文化教育部门开展的一系列工作。在《"科技北京"行动计划（2009—2012年)》中，北京市政府规定在未来4年里投资600亿元建设国际先进水平、城乡一体化的高速信息网络，为北京市宽带计入用户增长提供了充分的物质条件；同时还决定着力构建面向社区的网络教育技术体系，推进多层次、多渠道、全方位的社区学习服务体系建设，为北京市中小学及高校电子图书藏书量的增长提供了基础条件。

表6-8 2009~2012年首都文化教育改善三级指标情况

年份	中小学及高校电子图书藏量/千兆字节	宽带接入用户/万户
2009	590 844.99	451.7
2010	581 175.6	545.6
2011	749 765.1	523.4
2012	949 853.9	572.0

专栏5 北京教育改善情况

近年来，北京市信息服务业建设不断完善。北京市长途光缆纤芯长度，2009年为131 030.4芯公里，到2012年增长为172 857.0芯公里，增长率为32.0%。同期，北京市互联网宽带接入用户数由451.7万户增长至572.0万户，增长26%。互联网上网人数也由2009年的1103.0万人上涨到2012年的1458.0万人，上涨32.2%。

为了提升教育信息化水平，北京市政府在《北京市"十二五"时期教育改革和发展规划》中明确提出了三个方面的重点工作内容。

（1）优化教育信息化基础环境。实施教育信息化基础环境优化工程。升级优化基础网络，实现北京教育信息网延伸至家庭。建成支持多种接入、服务各类应用、保障信息安全的立体型城市学习网络，完成信息终端设施的配备与普及，建成100所数字校园示范校，建成教育电子认证系统，建成分层次的数据存储和容灾备份中心，建立科学有效的教育信息化运维保障机制，确保全市教育信息化工作的可持续发展。

实施信息化能力提升工程。建立首都教育信息化标准研制、培训、推广、测试、认证的长效机制，推动教育信息化标准的应用实施。开展教育信息化管理与应用效能评估试点。全面提升信息化领导力，提高师生信息技术能力与水平，增强教育信息化人才队伍的专业性与稳定性。

（2）促进信息技术与教育教学的深层次融合。实施基础教育信息化智慧校园课程资源建设工程。整合现有教研网、课程网等资源，建立覆盖中小学全部课程的数字化名师授课资源库，全市优秀教材和特级教师优质课程资源超市，形成覆盖基础教育阶段全学科主要知识点与能力点的综合辅助性课程。完成覆盖小学至高中全学科的市级骨干教师和学科带头人同步课程资源建设和平台搭建，为教师的相互交流提供服务。建设网络虚拟学习环境，实现无处不在的学习。

（3）推进教育管理信息化。实施教育政务管理与服务优化工程。优化政府门户网站，加大网上政务公开力度，提升信息服务的广度与效率。整合教育电子政务（电子校务）系统，实现教育系统内部协同办公，创新政务和校务管理模式。建成首都教育基础数据管理与支撑平台，实现教育数据的有机整合、科学管理与动态监测，为教育决策及危机处理提供有效数据。

随着信息服务的不断完善，北京市民选择接受教育的模式也逐渐发生了变化，市民通过网络教育接受高等教育的人数不断增加（图6-13）。2009年，北京市网络本专科毕业生数为98 875人，招生数172 492人，在校生数452 642人。到2012年，北京市网络本专科毕业数增长为148 003人，在校生数220 001人，在校生数607 880人，毕业生人数增长50%。

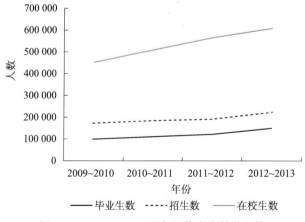

图6-13　2009~2013学年网络本专科学生数

八、小结

1. 民生领域科技成果水平高、增长快、转化潜力大

2009 年以来，首都民生领域科技成果的规模及水平均有比较明显的提高，民生科技工作在全地区科技工作中的地位不断提升。数据反映，全市民生科技创新活动，特别是原始创新活动相当活跃，自主创新能力强、区域辐射力强、转化潜力大。

全市各级各类管理部门越来越重视以科技手段支撑社会发展和民生改善，民生领域科技项目不断增多，针对民生行业企业和企业民生领域研发活动的各类财税、人才等优惠政策也日益完善，促使全市研究人员参与民生领域创新活动的积极性不断增强，表现为产出的科技论文数量大幅增长；同时，民生领域企业的创新活动也相对活跃，特别是用于技术获取与改造等活动的投入飞速增长，创新积极性较高。此外，北京地区民生领域的研发活动并非仅仅停留在论文的层面，越来越多的民生科技成果申请了专利，民生领域专利和发明专利占比和实际数量的增加，与近年全市知识产权工作加大了对民生领域的支持是分不开的，也说明民生行业创新主体相对更重视成果转化和应用。

该领域的指标还反映出首都地区民生行业科技创新在成果转化方面具有较大的发展潜力。在北京高度集聚的创新资源产出了大量论文、专利等成果，特别是专利申请量和授权量显著上升，这些具有自主知识产权的民生领域成果均在不同程度上具备成果转化和产业化的可能，说明了北京地区民生领域雄厚的创新潜力。另外，北京地区民生领域技术交易活跃、技术合同不断向京外扩散，说明民生科技创新的区域具有较强的辐射能力。

2. 政府财政科技投入带动成果产出

从数据上看，民生科技直接创新成果的产出规模比较直接地受到政府财政科技投入和各类优惠政策的影响，成果指标的变化趋势同政府科技投入的变化趋势密切相关，说明财政科技投入能够有效地带动产出。

近年来，北京市科技项目工作对民生领域的扶持力度逐年增大，特别是随着"科技北京"行动计划于 2009 年正式展开，以及"十城千辆"新能源汽车节能与新能源汽车示范推广应用工程（2009 年）、国家现代农业科技城（2010 年）、北京生物医药产业化跨越发展工程（2010 年）等重大重点民生领域示范工程在短时间内的集中启动，全市民生科技创新活动直接产出成果迎来了增长高峰。

在未来一段时间内，以《北京技术创新行动计划（2014—2017 年）》《北京市 2013—2017 年清洁空气行动计划》《北京市电动汽车推广应用行动计划（2014—2017 年）》等一批重要计划为代表，科技政策和相关项目对重点民生领

域的扶持力度还将继续增加，可以预期，与论文、专利等科技项目绩效考核标准有关的直接创新成果仍会维持在较高水平上。

3. 政策优惠的导向作用明显

从数据上看，民生科技企业投入指标的变化趋势同政府科技投入的变化趋势相似，保持较高速度的增长。这种相关性说明财政科技投入能够有效地带动社会资金集聚到民生领域的科技活动中，政府科技经费的导向作用较强。

针对民生领域科技型企业和企业研发活动的财税、人才、技术交易优惠政策种类不断增多、力度不断增大，民生领域企业更加积极地投入到研发活动中，企业用于技术活动的经费出现了高速增长。统计结果显示，政府科技经费有效带动了社会资金的投入，起到了很好的导向作用，企业研发投入相关的优惠政策也取得了比较良好的落实效果。

4. 创新成果的市场化水平仍待提高

政府和企业在民生领域的研发投入和技术投入快速增长，直接的知识创造成果产出也随之增加，但当前民生领域科技成果的市场转化情况仍有改善的空间，从创新成果产生到市场实际销售之间还没有形成顺畅的转化链条。

2009 年以来，民生领域的政府财政科技投入和企业用于技术活动的支出均有较大幅度地增长，促进了论文、专利等直接成果产出的增加，但在民生行业企业的新产品销售方面，无论是销售金额总量还是销售额占比，增长都相对不明显。目前对政府科技投入，特别是对项目经费的绩效考评仍以论文、专利等"知识性"指标为主，促使论文、专利等指标实现迅速增长，但这种项目考评方式是否充分促进了科技成果真正实现转化和产业化，效果仍难以判断。事实上，北京作为特大城市，面对的民生问题往往盘根错节、十分复杂，政府支持的民生科技项目评估期较短，指标比较简单，有可能导致这些项目过于注重短期效益，并容易导致"学术泡沫"和"虚假绩效"的发生。

尽管北京地区民生领域的技术交易活跃、企业用于民生领域技术获取的投入也在不断上升，但新产品销售指标表现与其他几个指标相比并不乐观，一定程度上说明目前民生领域的很多科技成果仍然停留在实验室试验成功、原理样机完成、申请专利、文章发表的水平上，综合各方面成本考虑，技术成果在市场活动中并不占优势。由于高校的研究课题渠道以政府来源居多，企业从应用出发设置的项目相对偏少，所以项目研究成果有相当部分不够成熟，与企业产品的现实要求之间尚有较大的差距，反映在企业活动中就是购买的技术成果还没有很好地转化成能够实际销售和获得市场利润的新产品。这种情况一定程度上说明高校同企业的联通还不够充分，产学研链条的衔接还不够顺畅，民生领域创新成果的市场化水平仍待提高。

5. 民生科技对北京地区民生改善起到了一定的作用，但效果相对有限

2009 年，北京市政府颁布了《"科技北京"行动计划（2009—2012 年）》。该项计划指出，"通过提升民生科技在首都城市建设、社会管理、教育文化、医疗卫生、公共安全、生态文明、新农村建设等领域的服务水平，为建设繁荣、文明、和谐、宜居的首善之区做出切实贡献"。这一计划对民生科技在 2009～2012 年的发展方向进行了定位，明确了民生科技将以市场需求为导向，着重发展民生科技在相关应用领域内的服务水平。

在这一定位下，北京地区民生水平得到了一定提高，市民生活感受在多个方面得到了改善，包括各委办局不断建设完善的网上业务平台，日趋成熟的各类电商服务平台，持续增加的城市公共交通线路，以及公交车车载空调系统的普及等。这些变化从衣、食、住、行、教育等多个方面改变着居民的日常生活方式，提升了居民的生活水平。

虽然北京地区民生状况在民生科技影响下得到了一定的改善，但改善程度仍然有限，特别是在几个影响居民生活的重要领域。例如，北京政府公共交通覆盖面积仍然不足。目前，市地铁线路网还未建成，一些远郊区县，如延庆、门头沟等区县还未覆盖地铁；又如，全市电子商务等服务覆盖面积还不均匀，很多服务还不能实现全城覆盖，为生活在部分欠发达区县的市民生活造成了不便。

6. 信息技术将成为首都民生科技快速发展的主题

信息技术已经并将持续促使首都地区民生科技在多个领域实现快速发展。2009～2012 年，多项以信息技术为基础的民生科技成果促进了卫生、医疗、教育、政府政务办理等多个领域的民生状况改善，中小学校大量存储电子书，实现了门户网站与 12320 公共卫生综合服务热线呼叫系统的整合、120 网前急救院就诊人数大量增长，为偏远农村地区建立远程医疗等多项案例证明了电子信息技术的突出作用。

信息技术成为首都民生科技快速发展的主题，与政府在行政、基础建设，以及北京聚集了大批从事信息产业相关技术的企业与人才等创新资源密切相关。

第一，促进信息技术发展一直是北京市政府工作重点。2009 年，为了保证北京经济持续高速发展，北京市经济和信息化委员会正式成立。通过成立该委员会，市政府正式将本市信息技术的发展与经济发展结合起来。通过大力发展信息技术产业，在 2009 年国际经济衰退的背景下，北京依然完成了"保八"的经济增速目标，其中软件和信息服务业更是保持了两位数的高速发展势头。

市政府不仅从组织机构等层面大力推进全地区信息技术发展，还积极推进政府信息化工作进程，带动信息技术市场不断发展壮大。自 2009 年起，北京市政府每年颁布"北京市信息化年鉴"，将市级政府各委办局及各区县政府的信息化工作成果向社会各界公布。以北京市政府门户网站"首都之窗"为例。自 2009 年以来,在北京市政府大力推进政务信息化的工作引导下,该网站不断发展完善,大力提高了信息服务能力(表 6-9)。

表 6-9 2009~2012 年"首都之窗"网站发展概况

网站 \ 年份	2009	2010	2011	2012
新增栏目	"政风行风热线"短信平台、"企业呼声平台"开通,"政风行风热线"舆情分析系统上线、"首都之窗"移动门户发布	"办事服务"频道改版工作完成、开辟了"中英文北京参博专栏"、镜像了"网上世博北京馆"	进一步完善"首都之窗网站群管理平台",支撑网站群各项业务工作监管、完成邮件系统升级,全年共开通邮箱 2251 个,初步完成门户网站无障碍改造	与电子政务处、网管中心、安全测评中心、北京数字认证公司、网梯公司等部门和单位组成保障团队,成功保障了"两会"的第三次网上代表询问与委员咨询活动
政务信息公开	截至 2009 年年底,"首都之窗"年均发布政务信息 6 万余条	2010 年年内,"首都之窗"政府信息公开专栏公开信息 9.65 万条	2011 年年内,政府信息公开专栏新增主动公开信息 9 万条,全市申请公开政府信息受理 7996 件,向市政府信息公开大厅、首都图书馆和市档案馆正式移送信息 957 条	
成绩	2009 年年底,"首都之窗"日点击量 800 次,日访问独立 IP 近 10 万个;2009 年,"首都之窗"网站获得"年度领先网站"和"突出贡献网站"荣誉称号	北京政府门户网站"首都之窗"在省级政府门户网站绩效评估中心以 84.5 分的得分排名第一,连续 4 年在中国政府网站绩效评估中位列省级第一名	连续 5 年在中国政府网站绩效评估中位列省级第一名	连续 6 年在中国政府网站绩效评估中位列省级第一名

资料来源:《北京信息化年鉴 2010~2013》

　　中央政府也一直努力为信息技术产业提供安全良好的市场环境。2009 年以来,中央政府先后颁布了《关于计算机预装绿色上网过滤软件的通知》《关于网络游戏虚拟货币交易管理工作》《关于加强和改进网络音乐内容审查工作的通知》《关于严厉打击手机网站制作、传播淫秽色情信息活动的紧急通知》《网络商品交易及有关服务行为管理暂行办法》《网络游戏管理暂行办法》《非金融机构支付服务管理办法》(办法将网络支付纳入监管)等多项政策法规,为信息技术产业的发展提供了良好的市场环境。

　　第二,北京地区的网络基础设施得到了不断地完善与发展。2009~2012 年是信息技术高速发展的 4 年,政府始终致力于为本地信息技术产业发展提供良好的基础环境。2009 年,在固定通信网络方面,全市网民数已达 1100 万人,其中

2M 及以上用户近 135 万户。在移动通信网络方面，各运营商累计建设基站 9460 个，实现了 3G 信号平原地区的室外全覆盖；到 2012 年，在固定通信网络方面，全市已有近 53 万名用户接受光纤改造，2M 及以下用户免费提速至 10M。在移动通信网络方面，北京移动公司累计建设 81 个 TD-LTE 基站，对长安街及其沿线、北京邮电大学、工信部电信研究院、大唐电信集团等进行了连续覆盖区，完成了 TD-LTE 演示网建设。在固定通信网络方面，2M 带宽仅用了 4 年就被 10M 宽带取代；在移动通信方面，技术已经完成了升级换代，2009 年才刚刚普及的 3G 网络已经开始向 4G 网络升级。

第三，北京地区聚集了一批信息技术领域的领军企业。2012 年，包括百度、搜狐等 35 家在京企业入选 "2012 年互联网信息服务收入前百家企业"；2013 年，包括京东商城、当当网等 12 家北京地区知名的电子商务企业入选《商务部 2013—2014 年度电子商务示范企业名单》。

北京地区在信息技术领域，已经形成了由政府着力 "抓宏观、抓前瞻、抓基础、抓重点、抓环境"，由企业推进，让市场说话的成熟行业机制，为首都信息技术的发展提供了良好的市场基础。

7. 民生科技需要多种渠道共同推进发展

民生科技影响民生改善的效果仍有改进的余地，这也在一个侧面体现了首都地区民生科技转化应用水平仍有待提高。目前全社会的科技体制改革还未完善，科技成果的转化应用还存在一定的障碍，北京地区民生科技的发展也存在相似的问题，主要体现在一些领域的民生科技成果还主要依赖政府行政手段进行推广，企业和市场需求的拉动作用不明显。因此，为了全面推进民生科技转化应用，北京应在重点民生科技行业着力培养市场需求，鼓励市场主动 "说话"，还要加强企业的竞争力，让企业发力推动民生科技应用。通过培养市场和企业的能力，帮助政府集中力量优化政策供给，促进产业链和市场需求的有机链接，形成新的推进民生科技发展的合力。

第七章　2009～2012年首都民生科技发展指数总结

从整体测算结果来看，近5年来首都民生科技工作总体成效明显。对首都民生科技发展指数得分进行年度分析可以发现，首都民生年科技发展总体呈现蓬勃向上趋势，从2009年的基准分60分上升到2012年的74.91分，年均增长7.68%，涨势显著。首都民生科技发展指数得分整体递增明显，表明2009年以来首都民生科技发展水平不断提高。具体情况如图7-1和表7-1所示。

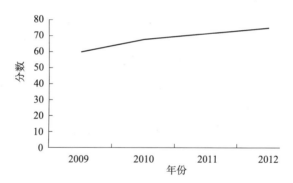

图7-1　2009～2012年首都民生科技发展指数趋势

表7-1　2009～2012年首都民生科技发展指数数值　　　　　　　　单位：分

年份	总指数	一级指标指数		
		民生科技环境	民生科技投入	民生科技成果
2009	60.00	60.00	60.00	60.00
2010	68.13	64.16	63.61	72.43
2011	71.12	65.39	70.79	73.62
2012	74.91	68.02	79.25	75.06

首都民生科技发展指数增长迅速，这与2007年民生科技概念提出以后，北京市开始加大发展民生科技，出台多项政策措施紧密相关，包括《北京市中长期科学和技术发展规划纲要（2008—2020）》《"科技北京"行动计划（2009—2012年)》等。

在3个一级指标中，民生科技投入增速最快，从2009年的60分上升到2012年的79.25分，比2009年增长32.09%。这说明近年来首都推动民生科技发展工作扎实，资源布局快速到位，带动了民生科技成果的快速提升，有力地推动了首都民生科技水平的发展和提高。

从表7-1可以看到，从一级指标的测度结果来看，无论是在民生科技环境、民生科技驱动，还是在民生科技成果方面，首都民生科技发展指数得分都有明显的提高，3项一级指标的得分均呈现上升态势。图7-2给出了3项一级指标的雷达图。通过进一步分析，我们可以得出如下判断。

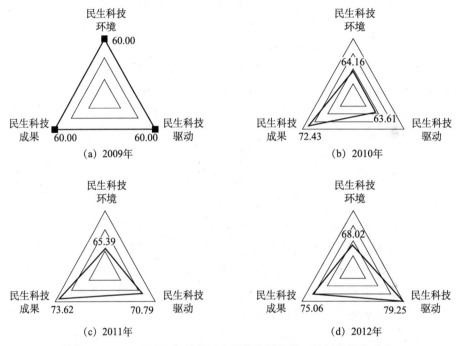

图7-2 2009~2012年首都民生科技发展指数一级指标得分对比

一、民生科技驱动和民生科技成果拉动首都民生科技发展

考察各年度一级指标的对比关系，如图7-2所示，通过比较首都民生科技发展指数的3个一级指标每年的得分情况，可以发现，3个一级指标均处于上升态势，其中民生科技驱动和民生科技成果发展最显著，民生科技驱动发展迅猛，持续领先于其他一级指标，尤其是2012年上升显著，带动了首都民生科技发展指数的整体加速增长。

2009~2012年，首都民生科技驱动得分呈现波动上升趋势，年均增长6.42分，年均增长率达9.72%，总体增长明显。尤其是2010年以后，年均增长率达到11.62%。这说明，2009年以来，尤其是激励民生科技发展的相关政策出台以后，北京市民生科技投入迅速增加，带动着整个首都地区民生科技的发展。

2009~2012 年，首都民生科技成果发展势头迅猛，年均增长 5.02 分，年增长率达 7.75%，引领着首都民生科技指数的整体增长。民生科技成果的快速增长：一方面是北京市长期持续科技投入的累积性结果，另一方面也反映了北京市在民生科技领域丰富的知识基础和应用潜力。这也为以民生科技发展促民生改善提供了充分的物质基础和前提条件。

二、民生科技对首都民生改善推动作用仍有待提高

通过对比不同指标在不同年度的表现可以发现，民生科技成果虽有上涨，但涨幅落后于民生科技驱动，民生科技驱动指标从 2009 年的 60 分上升到 2012 年的 79.25 分，民生改善指标从 2009 年的 60 分上升到 2012 年的 75.06 分。这也说明，虽然自 2009 年以来，首都民生科技投入和产出都明显增加，但首都民生科技对实际民生改善的促进作用有限，民生科技从投入到产出再到实际提升人民生活水平、改善生活质量还有一定的距离。

2009~2012 年，首都民生科技环境增长稳定，年均增长 2.67 分，年均增长率达 4.27%。数据测算结果表明自 2009 年以来，首都科技工作在资金投入、人力投入方面处于稳步增长的态势，这为首都民生科技工作的开展提供了良好的基础和环境。同期，民生科技成果得分稳定上升，年均增长 5.02 分，年增长率达 7.75%。虽然民生科技成果发展速度较快，但总体发展势头落后于民生科技驱动。如何运用丰富的民生科技资源来切实提高民生科技成果、改善民生仍然应是相当长的一个时期内的民生科技工作的重点。

三、首都民生科技发展进入"全面起步"阶段

2012 年，首都民生科技发展指数达到 74.91 分，相较于 2009 年，民生科技工作进展迅速，成果显著，突出反映了《北京市中长期科学和技术发展规划纲要（2008—2020 年）》及《"科技北京"行动计划（2009—2012 年）》等实施以来，首都民生科技发展已经进入"全面起步"阶段。

（1）首都民生科技环境稳步改善，民生科技投入快速增加。2009~2012 年，首都整体民生科技环境稳步改善，虽有一定幅度波动，但为民生科技的发展提供了良好的基础条件。民生科技投入持续稳定增加，这为民生科技发展提供了充足的物质、人力及资金保障。

（2）首都民生科技成果突飞猛进，为民生科技发展的"全面起步"奠定了坚实的基础。近 5 年来，民生科技成果丰富，尤其是在民生科技知识创造和民生科技应用等指标中反映的尤为突出。这表明首都地区民生科技发展迅速，基础性和

前沿性研究成效明显，为推进民生科技发展、提升人民生活水平、促进民生改善提供了强大的技术保障，奠定了坚实的发展基础。

（3）首都民生改善向民生科技"要支撑"的时代全面来临。从测算结果可以看出，由于多种原因，民生科技成果中民生改善的部分进展相对缓慢，要改善人民生活水平，提升人民生活质量，仍有相当长的一段路要走。当前，以科技带动发展，以科技提升生活质量的需求日益迫切。在城市转型关键期，要促进城市可持续发展，科技应当更充分地发挥作用，首都发展向民生科技"要支撑"的时代已经全面来临。

（4）应加快首都民生科技发展步伐。应通过加大民生科技投入，丰富民生科技发展要素，使丰富的民生科技成果成为切实提升人民生活质量的驱动力，将科技发展与人民的生活需求更加紧密的结合，促进科技在人民生活中发挥的作用，对衣、食、住、行等生活需求的渗透和融合，尤其要继续在人民最关心、最直接、最紧迫的领域加大投入，重点突破，带动民生科技全面起步，进一步提升首都民生科技发展水平，推动民生改善。

第三篇　民生科技政策与管理

第八章 北京民生科技的发展历程
与现状：聚焦创新高地

本章梳理了 2007 年以来北京地区在发展民生科技方面的典型政策和重大项目，并从科技奖励、技术交易、科技资源开放共享等几方面总结了全市发展民生科技的主要成效。本章提出，北京民生科技工作水平在全国居于前列，特别是在公共安全、文化教育等方面的有关技术已具备较高的普及程度和较好的应用效果。

第一节 北京发展民生科技的措施

自 2007 年民生科技的概念被提出以来，其地位在我国历次科技大会和重要科技规划中得到不断提升，在科技界也已经引起广泛关注。近年来，科技部和北京市先后推行了多项旨在促进民生科技发展及民生科技成果转化的政策措施，在规划方针层面强调科技惠民主题，在产业设计层面提升民生产业在全局中的重要性，在产业政策层面加大对民生产业的税收优惠与财政倾斜，在科研管理层面使用科技奖励等手段激励民生科技研究的发展，在项目管理层面调配科技经费倾向民生领域，在环境建设层面加强民生科技有关领域人才培养和国内外科技交流与合作，其目的都是要推动民生领域科技研究力量的集聚、促进民生科技成果的转化。目前对民生科技的设计规划主要是以民生工程的形式，从科技研究与产业门类的角度出发，实行各类激励措施。

一、北京市民生科技领域相关政策

北京市向来重视科技在民生和城市管理等其他领域的推广应用，在科技政策制定中往往都会提出科技促进民众改善生活质量、依靠科技解决城乡建设与管理中的难题、在科技支撑社会发展上有所突破、科技支撑民生工程等内容。2007年，民生科技概念提出以后，北京市开始加大发展民生科技，北京市在科技计划制定、科技评价、产学研合作等方面建立起了适合北京市创新活动的政策体系，使科技战略与计划发挥更好的指导作用，有利于科技资源的统筹协调。部分政策条文见表 8-1。

表 8-1　2006 年以来北京市在发展民生科技及其相关领域制定的政策

序号	政策名称	文号	实施时间	政策要点
1	《中共北京市委、北京市人民政府关于增强自主创新能力建设创新型城市的意见》	京发〔2006〕5 号	2006 年 4 月 30 日	落实"科技奥运行动计划",依靠科技解决城乡建设与管理中的难题,在科技支撑社会发展上实现新突破。攻克一批支持可持续发展的关键技术,加快资源节约环境友好型宜居城市建设
2	北京市人民政府办公厅关于印发《北京市"十一五"时期科技发展与自主创新能力建设规划》的通知	京政发〔2006〕47 号	2006 年 12 月 8 日	坚持"以人为本",通过科技提高全民生活质量和科学素养。从全体人民的需求出发,以提高科学素养和提高生活质量为目标,在医疗、食品、居住、健身等方面,加强科技成果的应用,推进社会公益事业和人的全面发展
3	北京市人民政府关于印发《北京市中长期科学和技术发展规划纲要（2008—2020 年）》的通知	京政发〔2008〕20 号	2008 年 5 月 16 日	明确提出坚持以人为本的科学发展观,关注人民群众最关心、最直接、最现实的利益问题,加强环境保护、医疗卫生、城市交通、农村建设等领域的科技研究和成果应用,加快繁荣、文明、和谐、宜居的首善之区建设。在面向 2020 年的科技发展中,北京市将实施 18 个重大科技专项,这些专项涵盖了资源环境、生产性服务业、民生服务、现代制造业、新农村建设、科技奥运等重点领域
4	《"科技北京"行动计划（2009—2012 年）——促进自主创新行动》	京发〔2009〕12 号	2009 年 4 月 4 日	统筹整合首都人才、资金、政策等各类创新资源,在电子信息、生物医药、新能源和环保、汽车、装备制造、文化创意、科技服务、都市型现代农业等产业集中支持一批产学研用项目,努力在重大关键技术上形成突破,切实做强、做大一批企业。到 2012 年,力争新增产值超过 5000 亿元
5	北京市人民政府办公厅转发市科委《关于科技促进生态涵养发展区产业发展意见的通知》	京政办发〔2009〕91 号	2009 年 8 月 10 日	大力发展高新技术产业,提升生态涵养发展区低碳高端产业发展水平。推动制造业转型。支持生态涵养发展区新能源环保、汽车零部件产业等现代制造业快速发展,引导制造型企业由单纯制造向制造加服务的模式转变,促进制造业的转型提升。改造提升传统制造业。运用高新技术、先进适用技术和各种科技手段,改造和提升服装等传统产业,推动清洁生产,发展生态经济、循环经济
6	《关于建设国家现代农业科技城开展科技支撑与成果惠民工程的意见》	京科发〔2011〕265 号	2011 年 5 月 12 日	依靠现代物流科技与服务创新,优化农产品供应链,打造首都农产品现代物流平台,减少中间流通环节,降低流通成本,实现农产品从生产到终端消费的高效流通,让市民得实惠,农民得效益

续表

序号	政策名称	文号	实施时间	政策要点
7	北京市人民政府批转市发展改革委等部门《关于北京市加快太阳能开发利用促进产业发展指导意见的通知》	京政发〔2009〕43号	2010年1月1日	加快实施阳光校园工程。推广光能热水工程。推进阳光惠农工程
8	北京市人民政府关于批转市科委市卫生局《首都十大危险疾病科技攻关与管理实施方案（2010—2012年）的通知》	京政发〔2010〕1号	2010年1月26日	以"科技北京"行动计划为指导，结合健康促进10年规划，重点研究和推广应用中西医临床诊疗规范和标准，通过市科技、卫生、财政、发展改革、人力社保等相关部门的密切合作，力争用3~10年，显著增强首都十大危险疾病的防控工作成效，形成一批在国际上有影响力的研究成果，带动首都医药科技和人才队伍的建设与发展，降低首都十大危险疾病对居民的健康危害，改善市民健康水平
9	北京市人民政府关于印发《北京市促进软件和信息服务业发展指导意见》的通知	京政发〔2010〕4号	2010年3月10日	保持本市在门户网站、搜索引擎、网络游戏等方面的领先优势，大力发展电子商务、社区网络、网络视频、数据库服务、数字出版等新兴内容产业，打造全国网络电视基地，不断提高创意能力、增值能力、聚合能力和传播能力。面向3G移动通信网络、20M入户宽带网络和交互式有线电视网络等新网络平台，发展位置服务、智能导航、视频监控、网络电视等新型运营业务。发展数据中心、呼叫中心、容灾备份中心等信息化基础设施服务产业
10	《北京市人民政府关于进一步促进科技成果转化和产业化的指导意见》	京政发〔2011〕12号	2011年3月15日	加强科技成果转化基地建设。围绕新一代信息技术、生物、节能环保、新能源、新能源汽车、新材料、航空航天、高端装备制造等战略性新兴产业，整合创新资源，建设一批科技成果转化基地和新型产业技术研究院
11	北京市人民政府关于印发《北京市加快培育和发展战略性新兴产业实施意见的通知》	京政发〔2011〕38号	2011年7月21日	围绕保障和惠及民生、增强城市服务功能、提升城市精细化管理水平和运行保障能力，以及缓解资源环境制约等四大重点需求，组织实施一批重大创新成果示范应用项目，具体包括：三网融合试点城市建设工程、云计算服务创新发展试点示范城市建设工程、电子商务示范城市建设工程、物联网示范应用工程、智能交通系统建设工程、新能源汽车示范应用工程、智能电网综合示范工程、太阳能示范应用工程、轨道交通装备示范应用工程

序号	政策名称	文号	实施时间	政策要点
12	《北京市"十二五"时期科技北京发展建设规划》	京政发〔2011〕46号	2011年9月	在与人民生活息息相关的重点领域攻克一批重大关键技术，筛选并推广应用一批适用技术及产品，支撑首都文化教育事业创新发展，强化食品安全与医疗健康科技保障，推广城乡建设与管理科技创新成果，推进低碳城市与生态环境系统建设，完善公共安全与应急保障技术体系，使科技创新发展的成果更多地惠及人民，切实提升人民群众的幸福感
13	《北京市科技惠民计划项目管理办法（试行）》		2013年6月7日	根据科技部、财政部的科技惠民计划安排，发布的北京市相关管理办法，规定了科技惠民计划项目的相关部门管理职责、项目组织与推荐、项目实施与管理、项目经费管理、项目验收与考核、项目推广与激励等要点的执行方式

从表8-1中可以看出，北京市在科技服务民生方面的政策制定当中，涉及的民生方面的内容逐年增多。"强化首都社会发展的科技支撑，促进科技成果惠及民生"逐渐成为北京市科技规划的指导思想。北京市科委主任闫傲霜在2010年科技工作报告中曾明确指出，2010年北京市科技工作将紧紧围绕建设"人文北京、科技北京、绿色北京"的战略任务，加快发展民生科技。

2011年9月，《北京"十二五"时期科技北京发展建设规划》发布，提出要在医疗健康和食品安全等方面强化科技支撑民生工程，推动科技成果惠及民生。该项规划还指出，"坚持'以人为本'的发展理念，顺应广大人民过上更好生活的新期待，继续促进首都文化、科技、教育等优势资源整合，着力发展民生科技，充分发挥科技在保障和改善民生中的支撑作用。在与人民生活息息相关的重点领域攻克一批重大关键技术，筛选并推广应用一批适用技术及产品，使科技创新发展的成果更多地惠及人民，切实提升人民群众的幸福感"。例如，在安全科技方面，支持食品安全检测技术设备研发、农产品质量快速检测剂的研发和产业化，推动乳制品、果蔬加工、安全投入品、服装纺织等农产品加工业发展；在环保科技方面，推广新能源汽车示范工程，政府采购纯电动环卫车和新能源公交车，推广高效照明产品；在健康科技方面，全面推进"首都十大危险疾病科技攻关与管理实施方案"，研究肝炎、肺结核、心血管和糖尿病等临床诊疗技术规范和标准。

2013年7月，《北京市科技惠民计划项目管理办法（试行）》由北京市科委和财政局联合发布，为加强北京市科技惠民计划的组织实施，实现科学化和规范化管理，加快科技成果的转化应用，根据科技部、财政部《科技惠民计划管理办法（试行）》《科技惠民计划专项经费管理办法》，结合北京市实际情况，制定该办法。

该项办法的颁布，也代表着在国家科技惠民计划的框架背景下北京市科技惠民计划工作的启动。实行科技惠民计划，目的是要依靠科技进步与机制创新，在北京示范应用一批综合集成技术，推动一批先进适用技术成果的推广普及，加快科学技术成果的转化应用，发挥科技进步在改善民生和促进社会发展中的支撑和引领作用。

2013 年 9 月，为配合同年 9 月国务院发布的《大气污染防治行动计划》《北京市 2013—2017 年清洁空气行动计划》，以及 2014 年 2 月的工作方案等，经市政府批准发布，针对当前严重影响市民生活的重大民生问题，即空气污染问题进行了一系列规定，明确了治污的顶层设计、时间节点、责任分配，并特别将"强化科技支撑"作为行动计划的六大保障之一。在同期发布的 2014 年《北京市 2013—2017 年清洁空气行动计划重点任务分解》中，市科委主要牵头负责的工作主要集中在新能源汽车推广及其配套设施建设、汽车燃油质量改善和大气环境领域科学研究等几个方面。该文件特别提出要深入开展大气环境领域科学研究，制定《2013—2017 年大气污染防治重点科研方案》，重点开展大气污染成因、传输规律、源解析及治理技术、细颗粒物对人体健康的影响、空气质量中长期预报预警技术等研究，逐年推进实施，每年形成阶段性科研成果，为科学决策提供有力支撑。

二、北京市民生科技领域重大项目

1. 北京市民生服务类重大科技专项

2008 年 6 月发布的《北京市中长期科学和技术发展规划纲要》，对北京到 2020 年这 13 年的科技发展进行了一个前瞻性、系统性、全局性的战略规划，确定实施 18 个北京市重大科技专项。其中，民生服务类共计 4 个，包括北京社区服务关键技术研发与示范专项、科技提升改造北京传统服务业专项、北京市民健康生活促进科技专项、北京市域快速通勤科技专项。

（1）北京社区服务关键技术研发与示范专项。社区服务专项的工作重点是开展社区管理信息系统、社区服务信息系统的研发，完善社区公共服务信息平台建设，实现社区信息资源的共享，方便居民生活；着力构建面向社区的网络教育技术体系，推进多层次、多渠道、全方位的社区学习服务体系建设；逐步构建区域的减灾防灾和应急救援体系的建设，研究推广社区监控设施和安防设施，构建现代化社区安全保障系统，建设平安社区；充分利用社区的科普资源，搭建科普教育平台，针对社区居民，特别是青少年与老年居民开展卫生健康、节能减排、环境保护、资源利用等方面的科普教育；发展面向社区的网络文化娱乐及科普设施，丰富和活跃群众生活，增强社区凝聚力。目前已初步建成包括社区保障、公共教育、社会治安、科学技术普及、文化体育等服务领域的较为完善的新型社区服务体系。到 2020 年，将全面建成公共服务完善、社会安全稳定、生活环境良好、邻里互助友爱的和谐社区。

（2）科技提升改造北京传统服务业专项。传统服务业专项的工作重点是整合多方科技资源，突破商业智能技术（BI）、电子标签技术（RFID）、多媒体展现技术等关键技术；促进企业经营管理系统、客户关系管理系统、电子商务平台等产品及解决方案的研发和示范应用，催生新的服务业态；打造传统服务业信息化服务产业链，建立服务体系，培育出具有国际品牌的传统服务业龙头企业，整体提高传统服务业水平和经济效益。目前，自主创新信息技术在批发零售业、餐饮业等传统服务业领域已得到广泛应用，涌现出了一批基于信息技术经营管理的典型示范传统服务业企业。到 2020 年，传统服务业领域将总体实现信息化，凸显科技提升改造传统服务业的作用，使北京市传统服务业的整体服务水平达到国际先进。

（3）北京市民健康生活促进科技专项。健康市民专项的工作重点是开展以肝炎等为代表的重大传染病和以心脑血管疾病等为代表的重大慢性非传染病的预防、诊断、治疗技术的研究与推广应用；加强食品安全相关检测技术、方法、标准等的攻关研究；围绕重大传染病及重大慢性非传染性疾病开展创新药和医疗器械的研究和开发。以预防为主、城乡统筹、推动社区发展、加强科普知识传播、中西医并重、加强示范推广等为组织原则，提高科学技术在全市城乡疾病防治和食品安全监测工作中的整体工作水平。目前已初步建立重大传染病、重大慢性非传染病防治及食品安全监测的科技支撑体系，部分科技成果已应用于实际工作中。到 2020 年，将全面提高北京重大疾病防治和食品安全监测工作的技术支撑能力，北京城乡普遍受益，为市民健康主要指标达到国内先进水平提供科技支撑。

（4）北京市域快速通勤科技专项。快速通勤专项的工作重点是大力开展道路交通规划、建设、管理、运营和维护的整合，加强先进技术在城市道路、市域公路、轨道交通、客货运枢纽和停车设施等系统中的应用，着力开展综合交通信息平台、智能化指挥调度、应急交通指挥、交通安全、交通环境保护等关键技术的研究与应用；在"新北京交通体系"的框架下，建设以快速大容量客运交通为骨干、多方式协调运营的城市公共客运系统，提高市域交通系统运行效率和安全运营水平。目前已初步形成中心城、市域和城际交通一体化新格局，交通拥堵状况有所缓解，力争到 2020 年基本解决交通拥堵问题。

2. "科技北京"民生科技支撑工程

2009 年 3 月 27 日中共北京市委常委会讨论通过的《"科技北京"行动计划（2009—2012 年）》，从推动建设"人文北京、科技北京、绿色北京"的战略全局出发，进一步明确了新形势下推进"科技北京"建设的指导思想、总体目标、主要任务和重要举措。该行动计划明确提出要"实施12项科技支撑工程，提升科技惠民能力"。

（1）信息基础设施工程。4年内投资600亿元建设国际先进水平、城乡一体化的高速信息网络，加快第三代移动通信系统建设。

（2）食品安全工程。加快食品安全监测技术和设备的应用推广，实现食品安全从农田到餐桌全过程监控。

（3）农业科技工程。重点加快设施农业、生态农业及动植物疫病防控等领域的技术创新与示范应用。

（4）医疗卫生与健康工程。重点推动公共卫生应急平台、重大疾病防治、药物安全等领域的技术创新与应用。

（5）科技交通工程。重点推进轨道交通基于通信的列车控制、智能交通、交通信息服务等技术的示范与应用。

（6）节能与新能源示范工程。重点推进建筑节能、工业节能、农村生物质能技术推广应用。

（7）新能源汽车示范工程。加快节能与新能源汽车推广应用，到2012年新能源公共汽车领域形成超过5000辆的示范应用规模。

（8）大气污染综合治理工程。重点加快污染治理、监测、控制技术研发与推广。

（9）水资源保护和利用工程。重点加强水资源保护、地下水污染防控、污水处理、水资源优化调度等技术和装备的推广应用。

（10）垃圾减量化、无害化、资源化工程。重点推广餐厨、生活建筑等垃圾处理技术和装备。

（11）资源综合利用工程。重点开展废聚酯瓶、矿山废弃物、废旧轮胎、废纸、废弃电器电子产品资源化利用技术的示范应用。

（12）城市安全与应急保障工程。重点推动应急指挥、科技创安、安全生产、森林防火等领域的技术和装备应用推广。

3. "社区服务科技应用示范区"工程

社区是现代城市社会的基本构成单元，在整个城市运转中的作用越来越凸显出来，社区也被赋予越来越多的职能，成为政府管理和社会服务的终端。用科技手段促进社区发展，无疑会为社区发展提供了强劲助力，也是"科技北京"这一理念的具体体现。政府相关部门已经认识到，社区功能正在由单一的居住功能逐步向满足人们多样需求的综合功能转变，社区将承载着科技为民生服务的重任，科技走进社区则是实现科技为民生服务目标的必经之路。2009年，北京市科委还以社区居民的实际需求为出发点，在全国率先启动了"社区服务科技应用示范区"建设工作。"社区服务科技应用示范区"建设是"科技北京"行动计划中"12 个科技支撑工程"在社区的集中体现和应用示范,是市科委推进民生科技建设、推动科技成果贴近民生的重要举措之一。该项工作被列为 2013 年市政府为民办实事工程。

社区服务科技应用示范区共 6 家,包括西城月坛街道、崇文区东花市街道、宣武区牛街街道、朝阳区小关街道、海淀区清华园街道和永定路街道。该项工作旨在建立社区服务科技支撑体系,推进先进适用技术在社区应用或实现成果转化,从而强化科技对社区居民需求的支撑与引领,推动科技惠及于民。据北京市科委 2009 年统计,社区服务科技应用示范区建设工作共示范应用先进适用技术近 30 项,涉及北京市 5 个城区、6 个街道、54 个社区,覆盖面积 15.34 平方千米,受益居民近 50 万人。

社区服务科技应用示范区工程的开展,对社区管理的改善体现在多个方面。从区域整体管理的角度看,科技对社区管理的改善不仅体现在技术应用的层面,也体现在管理方式的变化和管理机制的完善等方面。特别是在技术的选择、项目的推进、科技设施的后续运营维护、项目的整体评价等工作中,各社区创新思路,利用外脑,引入科技公司推进项目全面运行;引入咨询机构及监理机构,对建设质量及进度严格把关;建设新的运营机制,采取街道全面建设,验收后由物业公司自主管理维护的新模式。

4. 京津冀协同防治空气污染

2013 年 9 月 10 日,国务院印发了《大气污染防治行动计划》(简称"国十条"),强调要用硬措施完成硬任务,确保早见成效。北京市政府同步制定出台了《北京市 2013—2017 年清洁空气行动计划》(简称《计划》)及 84 项重点任务分解。目标是经过 5 年的努力,实现本市空气质量明显改善,重污染天数大幅减少。到 2017 年,全市空气中的 PM2.5 年均浓度比 2012 年下降 25% 以上,达到 60 微克/米^3 左右。

清洁空气行动计划的核心是压减燃煤、控车减油、治污减排、清洁降尘。北京市 5 年计划目标是构建以天然气、电为主的能源体系,到 2017 年天然气和电的比重不低于 60%;太阳能等新能源的比重达到 8% 以上;燃煤的比重从现在的 25% 下降到 10% 以下。同时,实施先公交、控总量、严标准、促淘汰的战略思路,经济政策引导与行政手段约束相结合,调整全市机动车结构,减少机动车污染物排放;淘汰落后产能,发展高新技术产业和战略性新兴产业。

从北京市科技工作的角度看,行动计划将科技作为清洁空气行动的重要保障和支撑,明确指出,要将大气污染防治作为实施"科技北京"战略的重要内容,深入开展大气环境领域科学研究,不断加大对科技基础设施建设的支持力度。市科委、市环保局等部门发挥首都科技资源优势，组织各类科研机构、高等院校、企业和相关单位，深入开展大气污染成因、传输规律、污染源来源解析及治理技术、细颗粒物对人体健康的影响，以及空气质量中长期预报预警技术等研究，每年形成阶段性成果，为科学决策提供有力支撑。

此外，为了尽快将技术层面的突破应用到实际工作中，实际改善和解决空气污染问题，《计划》还特别强调要加快先进适用技术的示范推广，包括重点推广分布式能源、交通节能减排、天然气低氮燃烧和烟气脱硝、新能源与可再生能源利用、挥发性有机物污染治理、家用高效油烟净化、农业氨减排等技术，边研究边应用。这种重视应用的导向与民生科技的核心价值观是一致的，也表现出北京市在发展民生科技工作中的战略转向。

而站在京津冀协同创新的角度看，空气污染防治工作同样成为了区域协同发展民生科技的重要抓手。2014 年 3 月习近平总书记在讲话中提到，京津冀要加强重大科技计划的联合攻关，在基础设施、环境治理等方面强强联合，尽快解决当前大气污染等棘手问题。为了实现区域空气净化和环境改善的最终目标，必须保证京津冀和周边地区能够开展协同工作，建立大气污染防治协作机制。2013 年，北京、天津、河北、山西、内蒙古、山东 6 省（自治区、直辖市），以及环保部等中央有关部委参加，共同建立了京津冀及周边地区大气污染防治协作机制。2014 年将深入开展区域大气污染联防联控工作，在各省（自治区、直辖市）充分落实本地区 2014 年清洁空气行动计划各项治理措施的基础上，从联动上下工夫。

在清洁空气计划的协同工作中，与科技有关的重点包括：开展区域大气污染成因溯源、传输转化、排放清单研究；研发区域重点行业更加清洁的生产工艺和更高效的治理技术；共同推广新能源车；开放共享三地空气监测数据，搭建京津冀及周边地区空气质量预报预警平台等，核心就是要依托各省（自治区、直辖市）现有的信息网络，共享大气污染防治工作信息、管理经验与科研成果，促进区域大气环境管理水平的提升。

第二节　北京发展民生科技的成效

2013 年"首都科技创新发展指数"报告对北京市创新能力各方面进行了定量的评价，认为首都经济社会发展向科技创新"要支撑"的时代已经来临。在经济发展方面，北京已经进入了发展方式转变的攻坚阶段，城市富裕程度接近高收入国家（地区），经济发展进入后工业化阶段，正处于经济增长"换档期"、增长动力"转换期"，这就更加要求科技在转变经济发展方式、解决城市发展难题的过程中发挥更大的作用。2013 年首都科技创新发展指数研究表明，创新绩效指标得分增长趋势明显，科技创新对经济和社会发展的支撑作用正在逐步显现，科技创新已成为这个阶段经济社会发展的最根本动力。2012 年北京市科技创新大会召开以来的一系列改革措施，正带动创新驱动发展局面逐步形成，科技创新对技术突破、产业结构调整、城乡区域一体化发展、城市精细化管理、生态环境改善的作用日益凸显。

一、科技奖励对民生领域项目倾斜明显

近年来，民生领域科技项目在北京市科技奖励项目中数量不断增多、占比不断增大。相比国内其他省（自治区、直辖市），北京市科技奖励在民生领域的倾斜力度更大。如无特殊说明，本节各类数据均来自科技部和各省（自治区、直辖市）科技管理部门的公开报道。

2012 年 4 月召开的科技奖励大会上，共有 408 项成果获得 2010、2011 年度北京科技奖，其中重大科技创新奖 1 项、一等奖 53 项、二等奖 109 项、三等奖 245 项。其中关乎民生的科技成果共有 246 项，占到获奖项目总数的 60.3%，平均每年获奖的民生领域科技项目数量为 123 项，在服务市民、改善民生等方面发挥了重要作用（高博，2012）。次年，在"科技北京"行动计划的带动下，科技惠及民生的导向在市级科技奖励工作中更加明显，2012 年北京科技奖共授予一等奖 27 项、二等奖 53 项、三等奖 104 项，其中共有 112 项具有自主知识产权、促进民生发展的成果获得奖励，占全部获奖成果的 60.9%（刘欢，2013）。

在前 3 年工作的基础上，2013 年科技奖励自推荐阶段起就突出强调对民生领域项目的倾斜，即突出三个注重：

（1）注重科技与经济结合，重点奖励战略性新兴产业成果；

（2）注重科技推动社会发展惠及民生，重点奖励促进城市精细化管理和改善民生的成果；

（3）注重企业作为创新主体，重点奖励产学研合作，在京落地转化的重大成果。

在鼓励科技惠及民生的方针引导下，2013 年度北京市科学技术奖共有 233 项成果获奖。包括"深腾 7000 高效能计算机系统及关键技术"等 26 项科技成果获得一等奖，"大规模智能视频监控新技术及应用"等 66 项科技成果获得二等奖，"北京市电动汽车电能供给智能服务网络建设"等 141 项科技成果获得三等奖。其中，131 项与百姓生活息息相关的惠民成果获奖，占获奖总数的 56.2%（邓琦，2014），民生领域获奖项目的绝对数量较之前几年再次提高，在科技为城市的建设与发展、提高百姓健康水平与生活质量、环境保护等方面发挥着越来越重要的支撑作用。

与国内其他省（自治区、直辖市）相比，北京市科技奖励对民生领域的倾斜力度更大，体现出全市科技工作关注民生的导向。例如，在 2011 年广州市的 80 个获得科技奖励的项目中，33 项科研成果涉及农业科技、重大疾病防治、食

品安全、环境保护、防灾减灾等民生领域，占获奖项目总数的 41%（广州市科技局，2012）。2013 年，天津市 198 个项目获得市级科技奖励，其中 44 项为惠民项目，15 项为惠农项目，惠民惠农获奖项目占获奖总数的 29.8%（张璐，2014）。同年，湖北省 322 个项目获得省级科技奖励，其中 110 项涉及农业、医卫、环保等民生领域，占获奖项目的比重为 34.2%（湖北省科学技术厅办公室，2014）。山东省的 2013 年技术发明奖和科技进步奖项目，则有 197 项是与人民生活密切相关的社会公益类项目，占 45.9%（山东省科技厅，2014）。

相比之下，北京市科技奖励对民生领域项目的支持力度更大，每年获奖的民生科技项目数量更多，体现出北京市民生科技工作的重要地位。

二、民生领域技术交易规模不断扩大

从全国范围来看，北京市技术交易市场一直十分活跃，秉承"立足北京、服务全国"的发展宗旨，充分发挥技术市场在科技资源配置上不可替代的基础性作用，持续保有在全国的领先优势（本节北京技术交易数据、图表，除特殊注明外，全部来自北京技术市场管理办公室公开发布的《2011 年北京技术市场监测报告》和《2012 年北京技术市场统计年报》）。

2011 年，北京输出技术合同 53 552 份，成交额为 1890.3 亿元，同比增长 20%，技术输出的流向［包括流向本市、流向外省（直辖市、自治区）和技术出口］由 2010 年的"二四四"格局转变为"三三四"格局。其中，流向本市技术合同成交额比 2010 年提高了 3.5 个百分点。吸纳全国技术合同（不包括进口）35 956 份，成交额达 680.1 亿元，同比增长 36.8%。

2012 年，北京技术合同成交额和技术交易额均突破 2000 亿元，技术交易额增长率为 60%，吸纳全国技术合同成交额增长率为 40%，为实施创新驱动发展战略发挥了重要作用。全年北京输出技术合同 59 969 项，成交额 2458.5 亿元，比上年增长 30.1%，是"十一五"初期（2006 年）的 3.5 倍，占全国的 38.2%，技术交易额 2048.6 亿元，增长 61.6%，占技术合同成交额的 83.3%，平均单项技术合同成交额 410.0 万元，增长 16.1%。吸纳全国技术合同成交额 974.4 亿元，增长 43.4%。

从 2012 年技术交易内容上看，民生领域技术交易规模正在扩大。图 8-1 显示，现代交通、环境保护与资源综合利用技术、城市建设与社会发展领域技术逐步占据了技术交易的主导地位。其中，现代交通领域技术合同成交额为 450.4 亿元，占技术合同成交总额的 18.3%；环境保护与资源综合利用技术合同成交额为 259.2 亿元，占 10.5%；城市建设与社会发展领域技术合同成交额为 210.9 亿元，占 8.5%，三者相加占总额比重接近 40%。特别是城市建设与社会发展领域技术合同快速增长，成交数量为 6369 项，成交额为 210.9 亿元，与前年相比增长 25.9%。

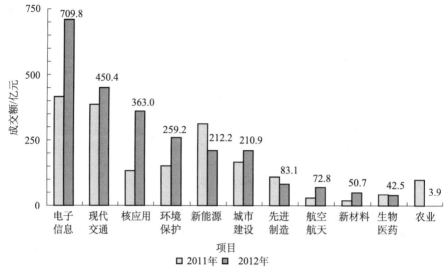

图 8-1　2011~2012 年北京市各领域技术合同成交额

此外，从输出技术合同方面也可以看出北京市民生领域技术研发实力高、发展快、规模大。图 8-2 显示出，2012 年全市输出技术主要服务于基础设施的发展、社会发展和社会服务、能源的生产和合理利用等目标。服务于基础设施发展的技术合同 6786 项，成交额为 605.7 亿元，比上年增长 12.3%，占技术合同成交总额的 24.6%；服务于促进社会发展和社会服务的技术合同 18 906 项，成交额为 577.7 亿元，增长 57.2%，占 23.5%；服务于能源生产和合理利用的技术合同 4739 项，成交额为 561.2 亿元，增长 15.2%，占 22.8%。

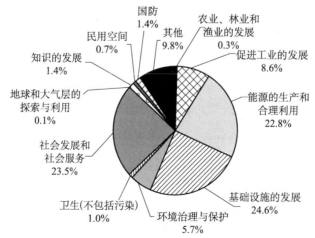

图 8-2　2012 年北京市输出技术合同领域分布

再有，北京市对民生领域科技的重视更体现在吸纳技术方面。与输出技术相比，服务于社会发展和社会服务的技术合同增长速度更快，成交额为70.4亿元，比上年增长80.8%，占吸纳外省市技术合同成交额的22.1%（图8-3）。

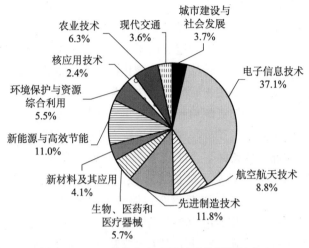

图8-3 2012年北京市吸纳技术合同领域分布

2013年，北京市技术市场保持"增长稳定、交易活跃"的发展态势。全市认定登记技术合同成交额2851.2亿元，比上年增长16.0%，总量占全国的38.2%；成交项数首次突破6万项（62 743项）；新增技术交易卖方1218家，占全年交易卖方总数的25%。同时，技术流向总体呈"二六二"结构，即流向本市技术581.7亿元，占全市的20.4%，流向外省（自治区、直辖市）技术1615.9亿元，占比56.7%，技术出口653.6亿元，占比22.9%。北京市技术交易呈现三个80%：一是中关村示范区占80%，即中关村示范区高新技术企业技术合同成交额2268.3亿元，占全市的80%；二是重点领域占80%，即现代交通、电子信息、环境保护、核应用、城市建设与社会发展等重点领域技术合同成交额达2337.2亿元，占全市的80%。其中，现代交通、电子信息、环境保护三领域技术合同成交额分别为661.1亿元、637.8亿元和412.1亿元，比上年增加了291.6亿元；三是大额合同占80%，即大额技术合同成交额为2219.0亿元，占全市近80%（北京技术市场管理办公室，2014）。从主要民生领域技术交易额的规模增加和比例增长上看，民生科技在全市科技工作中的地位逐年上升。

三、首都科技条件平台促进中央资源服务北京民生

首都科技条件平台是国家科技基础条件平台指导下的北京地方科技条件平台，是整合各类创新主体及其所拥有的资源、聚集各类创新主体开展科技研发和

成果转化与产业化项目的服务需求、畅通需求与资源对接渠道、服务各类创新主体发展的平台，是促进政、产、学、研、用、科技金融业、科技服务业有机结合的重要工具，是推动北京成为具有国际影响力的创新中心和"北京服务"与"北京创造"品牌建设的重要载体。

首都科技条件平台领域中心是依托北京市 12 家科技服务法人单位，由生物医药、新材料、能源环保、装备制造、电子信息、工业设计、现代农业等 7 个专业领域中心和科技金融、技术转移、科技孵化器、军民融合、检测与认证 5 个综合领域中心组成。领域中心按领域产业板块分类整合企业、高校、科研院所、科技中介机构、金融机构及其资源和服务，聚集发展与业务需求，同首都科技条件平台对接，依托信息系统，受理需求，对接资源，畅通渠道，服务各方。

截至目前，首都科技条件平台已经建立了以 26 家研发实验服务基地、12 个领域中心、13 个区县工作站为主体的"小核心、大网络"的工作体系和科技资源开放服务体系，形成了科技资源整合，促进了产学研用协同创新的"北京模式"。截至 2011 年年底，共促进 562 个国家级、北京市级重点实验室、工程中心的仪器设备资源向社会开放。梳理了 474 项首都重点领域发展、比较成熟的科研成果，促进仪器与成果配套实验人员、科研人才队伍向社会开放。2009 ~ 2012年共有 7000 多家企业享受首都科技条件平台的测试、联合研发、技术转移、科技金融等各类服务，服务合同额达 16 亿元，满足了科技企业不同层次的创新需求，有效促进了产学研深度合作，同时也为各依托单位发展提供了有效的帮助，发挥了各单位存量资产的作用，取得了良好的社会效益，实现了多方共赢的效果。

在首都科技条件平台的工作中，民生科技同样占据着非常重要的位置。从领域上看，已经开放的 8 个领域，包括生物医药、电子信息、能源环保、新材料、装备制造、工业设计、现代农业、检测与认证，其中生物医药、能源环保、现代农业、检测与认证 4 个领域直接同民生科技相关，共涉及 313 个重点实验室和工程中心，占已开放实验室和工程中心总数的 55.7% （根据北京市科学技术委员会 2012 年公布的《首都科技条件平台开放实验室服务目录》计算）。

不过，有些领域（如新材料、电子信息）虽然从领域层面上看与民生科技的关系并不特别紧密，但其中也有相当一部分确实从事民生领域科技研究的工程中心和实验室。而在能源环保和新型农业等与民生有比较密切关系的领域中，也存在一些从事原理性、基础性研究和农机研究，并不直接与民众发生最直接关系的工程中心和实验室。基于以上两种考虑，本章梳理了条件平台中全部 562 个国家级（市级）重点实验室和工程中心的研发主要方向，得到隶属于首都科技条件平台的重点实验室和工程中心中，从事的专业方向与民生科技有直接关系的共201 个（表 8-2）。其中，生物医药领域 72 个，能源环保领域 70 个，新材料领域

23 个，装备制造和工业设计领域 13 个，电子信息领域 12 个，新型农业领域 8 个，检测与认证领域 3 个。特别是，科技条件平台有效沟通了中央在北京的科技资源，将科技资源与本地区民生的实际需要进行对接。目前在与民生有关的 201 个实验室和工程中心中，央属实验室和工程中心 165 个，市属单位 36 个。根据近几年的工作情况和成效，科技条件平台已经在调动利用科技资源服务北京民众生活需求的工作中收到了良好的效果，未来还有很大的发展空间。

表 8-2　民生领域首都科技条件平台机构　　　　单位：个

序号	领域名称	民生领域实验室和工程中心数量	央属实验室和工程中心数量	市属实验室和工程中心数量
1	生物医药	72	62	10
2	能源环保	70	54	16
3	新材料	23	19	4
4	装备制造和工业设计	13	13	0
5	电子信息	12	10	2
6	新型农业	8	4	4
7	检测与认证	3	3	0
	总　计	201	165	36

第九章　适应民生科技特点的科技管理机制：
深圳、上海与江苏的实践

早在"民生科技"概念成形之前，全国多个较发达的地区就已经纷纷开始致力于运用技术创新的力量服务于人民的生活，使科技发展更好地惠及民众。从政策措施看，不少地区早于北京市发布了民生科技整体性的规划文件，并各自运用不同措施推动政策的落实；从具体项目及成果看，各地区都根据自身发展特点和社会需要，开展了一批重点项目，也取得了较好的效果。本章在调研若干重点省（直辖市）、了解其民生科技整体工作情况的基础上，归纳这些地区民生科技发展的经验特点，为北京相关工作提供借鉴。

第一节　深圳市民生科技工作的政策、管理与实践

一、深圳市民生科技领域相关政策

自民生科技概念提出以来，广东省及深圳市在两地区"十二五"科技规划中都对民生科技领域进行了设计。此外，深圳市在一些全市科技发展的纲领性文件中十分重视民生科技工作的发展，并于2012年年底出台了指导全市民生科技发展的独立文件《关于加快发展民生科技的若干措施》，在民生科技的发展方针、主要领域、发展手段、保障措施等方面，进行了重点明确的设计。部分政策条文整理见表9-1。

表9-1　2008年以来深圳市有关发展民生科技的政策文件

序号	政策名称	文号	发文时间	相关内容
1	关于坚持改革开放推动科学发展努力建设中国特色社会主义示范市的若干意见	深发〔2008〕5号	2008年6月6日	以新加坡和香港、首尔、洛杉矶、伦敦、纽约等为学习追赶目标，在经济发展、自主创新、城市建设管理、社会管理、法治水平、文化软实力、生态建设、民生福利等方面积极学习追赶世界先进城市。 切实加大民生投入。继续推进落实"民生净福利指标体系"，确保政府投资计划中涉及民生项目的资金比重不低于70%。巩固提升药品安全保障水平，力争2008年民生净福利药品安全抽样合格率指标突破97%

续表

序号	政策名称	文号	发文时间	相关内容
2	广东省科学和技术发展"十二五"规划	粤府办〔2011〕84号	2011年12月1日	广大群众对解决人口健康、生态环保、公共安全等问题的需求日益迫切，但科技在保障和改善民生方面的能力仍较薄弱。 坚持把服务民生作为科技工作的根本出发点和落脚点，让更多的科技成果惠及人民群众，满足人们日益增长的物质文化需要。坚持把保障和改善民生作为根本出发点和落脚点，大力加强民生科技工作，重点突破生态环境、人口健康、公共安全等领域的关键技术，大幅提高科技对社会民生的服务功能。 以推进"和谐广东"建设为目标，以服务民生和促进社会发展为核心，大力发展民生科技，强化科技公共服务能力，加快构建社会发展科技服务体系；围绕民生重大科技需求，建设促进民生领域科技成果应用推广的平台和载体
3	深圳市科学技术发展"十二五"规划	深府〔2011〕194号	2011年12月2日	科技推动，服务民生。顺应民众追求幸福生活的新期待，大力加强以改善民生为重点的医疗卫生、食品安全、环境保护、交通运输、公共服务、社会信息化等领域的技术研发与产业化，以科技发展推动民生幸福城市建设。 拓宽科技服务民生领域： 加快重点领域民生科技研发与推广：研发推广低成本健康食品安全检测、急性突发传染病预警防治、疫苗、抗体等技术，提高人口健康水平，研发推广节能减排、水资源保护、气候变化应对、灾害预警和防御等技术，提高生态建设与环境保护水平，研发推广物联网、云计算、三网融合、地理信息等技术，提高城市综合管理水平。 加强公众科普：围绕提高公众的科学素质，促进人的全面发展，加快科普基础设施建设，鼓励大学、科研机构、企业建立各具特色的科普基地，开展科技旅游活动。充分发挥科协作用，积极鼓励全民参与科普活动。 深化既有建筑节能绿色改造与绿色运营，大力推进建筑工业化，促进绿色建筑产业发展，提高建筑物质量与市民生活品质
4	深圳市促进科研机构发展行动计划（2013—2015年）	深科技创新规〔2012〕8号	2012年11月2日	产业发展与民生改善相结合。 突出产业发展导向，重视民生发展需求。加大重点产业领域的研发投入，实现产业核心技术突破；重视改善民生，实现医疗、食品、建筑、交通、环保、农业、气象等社会公益领域的科研机构全覆盖
5	关于努力建设国家自主创新示范区实现创新驱动发展的决定	深发〔2012〕14号	2012年11月4日	深圳创新委"1+10"文件核心。 完善民生科技发展机制。围绕人民群众最关心、最直接、最现实的民生和社会发展重大需求，加强科技创新，提升人口健康、食品药品安全、防灾减灾、生态环境、绿色建筑、公共教育等民生领域的技术创新和推广应用能力，让科技创新成果惠及民生。加大投入，健全机制，完善政策，促进民生科技产业发展

续表

序号	政策名称	文号	发文时间	相关内容
6	关于加快发展民生科技的若干措施	深府办〔2012〕53号	2012年11月2日	深圳创新委"1+10"文件之一。 (1) 着力提升民生科技基础能力：基础设施、创新载体、服务机构、管理机制。 (2) 实施科技惠民工程：建立市政府相关部门协同创新机制，注重人口健康、生态环境、绿色建筑、社会管理、公共教育、文化与科技融合、海洋科技、食品药品安全、城市管理、公共安全、防灾减灾等领域设计。 (3) 保障措施：市科技部门统筹协调全市民生科技工作；创新财政科技投入机制（加大财政民生科技投入力度、市政府设立的各类产业资金和相关基金向民生科技领域倾斜、鼓励各区政府设立民生科技专项资金）；创新民生科技成果转化应用机制；加强民生科技知识产权创造和保护力度；构建民生科技多元化金融支撑体系（畅通慈善基金、民间资金进入民生科技领域的渠道，吸引民间资本投入民生领域）；人才优惠政策着力向民生科技领域倾斜；加大科技交流与科普

2008年6月，深圳市委市政府发布了《关于坚持改革开放推动科学发展努力建设中国特色社会主义示范市的若干意见》，明确提出在民生方面追赶世界城市的目标；对加大民生投入的力度进行了规定，要求确保政府投资计划中涉及民生项目的资金比例不低于70%；并在公共安全领域的药品安全方面提出了具体工作目标。

2011年12月发布的《广东省科学和技术发展"十二五"规划》指出，广东省科技在保障和改善民生方面的能力仍较薄弱，服务民生应当成为科技工作的根本出发点和落脚点。同时，文件以推进"和谐广东"建设为目标，在民生科技的发展方向上，强调社会发展科技服务体系的构建和促进民生领域科技成果应用推广的载体建设。同时发布的《深圳市科学技术发展"十二五"规划》进一步规定了深圳市民生科技的主要发展领域及重点技术，强调在人口健康、生态环境、城市管理、公众科普等方面进行重点突破。

2012年11月结束的深圳市创新大会上，深圳市委市政府、市创新委围绕建设国家自主创新示范区、实现创新驱动发展的目标，发布了"1+10"重要文件，对深圳市整体发展和科技工作布局进行了全面设计。其中，在民生科技领域，《关于努力建设国家自主创新示范区实现创新驱动发展的决定》站在整体规划的高度，要求完善民生科技发展机制；此外，市政府也发布了专门性文件《关于加快发展民生科技的若干措施》，从民生科技的发展方向、重点工程和保障措施等方面进行了设计。较之深圳市"十二五"科技规划，进一步扩大了深圳市民生科技工作领域、细化了民生科技工程内容、完善了民生科技保障措施。特别是对民生科技多元化金融支撑体系的构建，如畅通慈善基金、民间资金进入民生科技领域的渠道，吸引民间资本投入民生领域等方面，显示出深圳市政府针对民生科技特点进行了多样化的设计。

在其他专门性政策文件中，深圳市也对民生科技领域予以一定倾斜。例如，2012 年 11 月深圳创新委发布的《深圳市促进科研机构发展行动计划（2013—2015 年)》中提到要重视民生发展的需求，尤其要在医疗、食品、建筑、交通、环保、农业、气象等社会公益领域中实现科研机构的全覆盖。旨在从提升科研能力的角度出发，实现对民生科技工作的促进。

再有，深圳市在市级重点实验室、各类地方科技计划项目、各类地方人才资助项目工作中，对民生领域科技工作进行了倾斜。例如，2012 年 3 月发布《2011 年市科技研发资金新增资金民生领域重点实验室等项目计划》，要求专门划拨部分市级新增科技资金用于资助民生领域科技项目，主要包括健康、食品安全、环境、公共信息服务等领域。2012 年 5 月发布的《2012 年深圳市科技计划指南》，则将民生科技提升到与战略性新兴产业类似的高度，在基础研究、技术创新资助、创业资助、技术标准研究、重点实验室、工程中心、公共技术服务平台、科技企业孵化器、国际科技合作、国家及省级科技项目配套资助等工作中，均将民生科技作为重点支持领域。2012 年 10 月发布的《2012 年深圳市留学人员创业资助项目申请指南》对留学回国人员在深圳创办企业提供创业项目资助，重点支持的领域包括各类战略性新兴产业及民生科技。

二、深圳市民生科技领域专项行动与成果

1. "城市街区 24 小时自助图书馆系统"开发

"城市街区 24 小时自助图书馆系统"是深圳图书馆于 2006 年 10 月首次提出的创新型图书馆服务模式，2007 年 6 月在文化部立项，由深圳图书馆组织研究、实施，是深圳市公共文化服务体系的重要组成部分。该系统是深圳市自主研发的高科技产品，具有科技含量高、占地面积小、总体投入少、无需管理人员、设置灵活、使用便利等特点，属国内首创，在世界范围内尚无应用先例。它集传统图书馆、数字化图书馆和智能化图书馆诸多特征于一身，为市民提供图书借还、预借取书、电子资源阅读等服务，突破了传统图书馆地域和时间的局限。

该系统从立项到研发，再到逐步推广应用，整个过程中充分考虑了深圳市现有的图书馆资源和民众对公共阅读服务的需求，一方面符合政府有关部门的发展方针，另一方面满足了各区民众的实际需要，对关键技术、应用方式和应用前景进行了比较充分的分析，并成功将技术成果输出到其他省（直辖市）。

2. 防灾减灾与公共气象服务工程开展

由于地理位置和所处气候带的影响，深圳市长年受到台风、暴雨、雷暴等自

然灾害影响。针对这一问题，有关主管部门以产品及技术引进、合作研发、创新服务等多种形式展开科技创新，对内大力开发和丰富预报产品，对外积极开展科研合作，从多个角度保障公共安全。

深圳市气象局开发了雷暴云团自动识别追踪系统，以及基于地理信息系统（GIS）的气象信息综合显示和分区预警发布系统，并与手机小区广播系统、预警通报平台、传真分发系统和气象网站等传播发布方式自动连接。在预警制作完成后，通过各发布渠道，瞬间传递到政府部门和广大市民，从预警技术和发布时效上提高预警的准确性。该服务系统借助深圳高效的信息和数字技术，利用各种渠道，将气象灾害预警信息快速传递到防灾部门和市民手中，气象灾害预警信息的覆盖率已达85%以上。

3. 城市应急指挥数字集群系统应用

深圳作为一个新兴的移民城市，实际管理的人口已达1000多万。在向现代化城市迈进的过程中，城市应急管理和社会治安情况越来越复杂。为了高效统一调度各种政府资源，提高政府对重大紧急事件的快速反应和抗风险能力，深圳市于2010年成功组建运行了一套350M数字集群通信网络，是继北京之后第二批引入该系统并成功实现运行的国内城市。通过引入系统及相关技术产品，深圳市初步建成城市应急指挥平台，推动气象、水务、三防、海事、交通等行业信息共享与应急联动。欧洲宇航防务集团（EADS）为北京市政府及北京市公安局提供的同类系统，以"零故障"的运行全面保障了2008年北京奥运会和2009年新中国成立60周年大庆的顺利进行。

这套数字集群通信网络的引入及推广，是以国外企业提供原始技术、本地企业共同研发制造、政府部门购买产品的形式完成的。系统组建完毕后，为深圳市公安机关建立了"扁平化指挥、点击式调度"的新型警务模式，通过减少指挥层级，畅通指挥关系，提高指挥警务效能，更好地保障了公共安全。

三、深圳市民生科技工作的经验特点

1. 探索改革领导协作机制

深圳市于2011年发布专门性文件《关于加快发展民生科技的若干措施》，在管理机制设计上，针对民生科技的内容与特点进行了创新性的安排。民生科技具有公益性，其成果一定程度上能够普惠性地满足民众生活的基本需要和社会发展的基本问题。因此，深圳市以民生科技多元化金融支撑体系构建为整体设计思路：一方面主动联络公益型社会组织，吸收慈善基金作为民生科技工作经费来源；另一方面积极运作、鼓励民生科技相关领域的民间投资，根据民生科技的特性，最大限度发挥社会各界的力量，探索创新民生科技工作机制。

2. 重视创新成果应用推广

深圳市利用城市在信息科学领域的技术积累，2007 年由深圳市图书馆牵头开始"24 小时城市图书馆系统"项目研发，2009 年取得关键技术突破，成为近年来该市民生科技的亮点技术成果之一。该项目研发设备技术水平较高，在后续推广方面持续性较好，2010 年在北京市完成推广应用二期工程。从项目设计上看，"自助图书馆"项目的设计与立项完全符合公共服务部门的实际工作需要，满足了居民亟待解决的生活需求，因此在试点地区实现成功应用，并分阶段推广到市内其他地区，实现在国内众多大中型城市的扩散应用，技术成果具有很好的持续性和延展性。

3. 科技与社会管理部门联系仍待加强

目前，深圳市街道层面解决居民生活问题主要依靠传统的软性社会管理方式，社会管理部门同市级科技管理部门缺乏沟通对接，使得先进的技术手段与基层民生需求对接还不够充分。2012 年 11 月深圳市政府发布《关于加快发展民生科技的若干措施》以来，未见其他相关部门出台后续落实措施，部分基层部门反映并未接到社会管理部门的配套指南。民生科技工作协作机制的不畅，影响了民生科技工作的效果。为此，需要科技管理部门与社会管理部门加强协作，研究探索科技创新示范项目与基层日常社会管理工作的结合，真正使民生科技示范工程落到实处。

第二节　上海市民生科技工作的政策、管理与实践

一、上海市民生科技领域相关政策

2004 年，上海市在中长期科技发展战略研究中将本市发展定位于"健康上海、生态上海、精确上海、数字上海"（"精确上海"后更改为"精品上海"）。从中长期发展战略到"十一五"科技规划，再到"十二五"科技规划，"四个上海"的方针始终引领着上海市的各项发展。其中，健康、生态和数字化，都与民生科技的主要工作息息相关。从政策方针的连贯性上看，上海市把握住了城市发展特点及城市居民的实际需要，民生科技工作导向较为稳定。接下来，报告将分几个方面对上海市的民生科技相关政策进行分析。

1. 上海市"十二五"科技规划

在《上海市"十二五"科学技术发展规划》中明确提出：科技要在解决人

口老龄化、能源资源紧张、节能减排、交通拥堵、城市建设与安全等民生关注问题方面取得重大突破，更多居民充分享受科技福祉；市民的科学素质比"十一五"期末翻一番，人民群众更加理解和支持科技事业。要实施集成应用示范工程，加快科技成果推广。围绕健康与便利生活、绿色发展等紧迫需求，整合现有科技资源，创新管理体制机制，坚持以应用促发展，选择处于产业化初期、社会效益显著、市场机制尚难有效发挥作用的重大领域，组织实施 5 项应用示范工程，培育市场需求，拉动产业发展，凸显创新成果应用的集聚效应和服务能力，促进科技惠民。

"十二五"规划还部署了健康上海、生态上海、数字上海等与民生科技有关的重大重点任务。从任务内容上看，上海市在有关民生科技的政策规划方面，十分重视利用城市已有的高端创新资源，寻找市场潜力较大、民众需求明显的切入点开展工作。比如，规划明确表示要开展智能仿生康复器材研发工作，内容包括"针对脑卒中、脑外伤等高发病种的康复治疗，开展植入式神经接口信息传递、多模态感知的脑机接口、生物功能性反馈刺激等关键技术的研究，研发功能评定和康复治疗设备、家庭/社区远程诊疗、康复系统等产品；开展植入电极、无线供能、无线遥感与自主反馈调节等关键技术研究，研发新型胰岛素泵、温敏性人工晶体、仿生人工耳蜗、电子人工肛门等产品"。

2. 长三角协同创新相关政策

2003 年，在国家科技部的指导和协调下，江苏省、浙江省和上海市人民政府签订了《关于沪苏浙共同推进长三角创新体系建设协议书》，建立了由两省一市主管领导组成的长三角区域创新体系建设联席会议制度。几年来，按照两省一市主要领导杭州座谈会确定的重点推进科技创新专题的要求，两省一市科技主管部门按照"破除壁垒、降低门槛、资源共享、开放共建"的要求，将"政府引导、市场运作；优势互补、资源共享；平等自愿、互利共赢；突出重点、注重实效"作为基本原则，着力在建立工作机制、强化资源共享、开展联合攻关、促进技术转移、编制发展规划等方面推进，初步形成了区域协同创新的良好态势。

民生科技领域工作是长三角协同创新的重点之一。2008 年发布的《长三角科技合作三年行动计划（2008—2010 年）》（长创联办发〔2008〕1 号）明确提出，要联合开展民生保障科技行动，联合研究开发突发性重大事故的防范与应急控制技术，在重点领域形成关键技术体系，提高长三角地区整体安全水平和综合防灾减灾能力。共建指挥智能化、信息共享化、反应快速化、技术现代化的长三角公共管理平台和公共安全应急平台。开展饮用水安全保障技术研究，食品安全与标准化技术研究，交通工具及网络智能化关键技术与系统等 3 项主题 8 个重点项目。

此外，近几年，上海市发布的《长三角"科技创新行动计划"科技联合攻关项目指南》（长三角地区指浙江省、江苏省、安徽省和上海市）中，始终保持对民生领域项目的高度关注。比如，2012 年共发布 3 个主要研究领域，其中 2 个与民生科技直接相关（区域公共安全与区域民生保障）；2013 年最新发布的《长三角"科技创新行动计划"科技联合攻关项目指南》，主要的 3 个研究领域全部属于民生科技工作内容，即长三角区域公共安全领域（数据保护技术和系统开发及示范应用；食品溯源、安全检测、监控平台的技术开发及示范应用；突发事件应急救援、联动关键装备和技术的开发及示范应用）、长三角区域民生保障领域（农产品高效生产与质量保障体系研究及示范应用；基于环境污染与危重疾病相关性联合研究的防治技术推广应用）、长三角区域环境保护领域（大气污染预测预警系统研发及示范应用；节能环保材料及系统的技术开发及示范应用）。

二、上海市民生科技领域重点行动与成果

1. 长三角协同创新体系构建

近年来，江苏省、浙江省和上海市协同进行的民生科技工作中，生态环境领域取得成果较为突出。两省一市在建立长三角"环保联盟"方面，逐步明确了在一些重点领域进行区域合作的总体方向和具体要求。2003 年，两省一市联合成立"长江三角洲地区环境安全与生态修复研究中心"。2004～2007 年，两省一市在人口、资源、环境等社会发展科技领域开展的联合攻关项目达 17 项。2007年，两省一市围绕节能降耗、新能源和环境保护等领域，总计投入 1000 万元开展太湖蓝藻治理等 10 个项目的联合科技攻关。2008 年 3 月，《长三角科技合作三年行动计划（2008—2010 年）》列举了 11 个未来 3 年重点支持的民生科技项目，承担单位涵盖了高校院所、政府部门与企业，项目总经费达到 1.03 亿元。

2. 健康信息化行动开展

基于市民健康档案的卫生信息化工程建设是上海市卫生系统主导推进的一项公共服务信息平台便民工程。该工程于 2011 年 4 月正式启动，以市民健康管理为核心，建设上海健康信息网，实现人人享有电子健康档案，使公共卫生机构、医院、社区卫生中心、家庭医生和居民有效共享利用健康信息，为市民开展自我健康管理，享有方便、高效、优质的医疗卫生服务提供信息支撑。

"健康信息化工程"于 2012 年 7 月取得阶段性成果。工程推进一年以来，实现了市民在家中寻医问药、预约挂号、健康档案查询、检验检查报告检索等，并能直接联动家庭医生，进行医护满意度评估等一系列功能。在市级平台已汇聚近 3000万条个人基本信息、8 亿多条各类诊疗信息，日新增数据超过 750 万条，日均健康档案调阅超过 1 万次，形成动态化的居民电子健康档案。在全市所有三级医院及 6

个试点区域范围内，健康信息网工程已实现"任何一位在市内联网医疗机构就诊过的患者电子健康档案，可以被任何一家联网医院的医务人员在业务规范下通过医生工作站进行调阅"。2012 年，上海市还计划实现健康信息网全市覆盖，完成市级平台、医联平台、市公卫平台和 17 个区县平台的建设和互联互通工作。

健康信息化工程建设，是上海市科技主管部门以外的专业领域职能部门大力推进的以科技创新解决民生问题的重要行动。由专业职能部门推进的工程，能够更准确地判断当前相关领域中存在的最主要民生问题及需求，一定程度上能够对成果应用方与公共服务提供方实现更为高效的管理。

3. 社区信息苑平台建设

上海市社区信息共享工程起步较早，其中一项主要工作，是依托城市信息化建设的大格局，在全市各社区分批分期建立社区信息苑（基层服务点），把社区信息苑作为建设标准化社区文化活动中心的配套项目。2006 年，上海市委宣传部、文明办、信息委、文广局等多个部门联手，共同推进信息苑项目，依托上海东方数字社区发展有限公司，构建以互联网等高新技术、载体和模式集成创新的"天罗地网"方式，直接建在社区、面向普通群众、具有公益上网、现场培训、数字影院放送等功能的新型互联网公共文化设施和服务平台。上海东方数字社区发展有限公司对全市所有信息苑实现标准统一专业直营连锁管理。信息苑共享工程在完成区县基层中心全覆盖的基础上，不断向社区、农村延伸，建成共享工程各级中心和服务点 310 个，其中市级分中心 1 个，区县级基层中心 26 个，街道（乡镇）基层中心 66 个，建在社区信息苑、学校、军营、企业等的基层服务点 217 个，基本形成了市、区县、街道（乡镇）、居委会（村）四级服务网络。

三、上海市民生科技工作的经验特点

1. 重视实际需求，开展区域协同攻关

上海市科委明确提出，发展民生科技，要根据本市居民实际需求，引进其他地区已经成熟的技术成果；也要不断探索，促进区内已有的优秀科技成果实现转化推广，根据需求情况改良成果形式，促进本地科技创新能力的提升。为了更广泛地吸引创新资源，为本市创新成果寻找推广渠道，上海市注重与周边地区，以及与有科技合作关系的省（直辖市）开展协同创新，旨在增强本市科技力量与其他省（直辖市）科技部门协同创新的能力。开展民生科技协同创新：一方面能够促进本地优秀科技成果、特别是世博科技成果在全国范围内的示范应用和产业化推广，吸引国内先进技术对接上海经济社会发展需求；另一方面，引进国内其他省（直辖市）优秀科技成果，鼓励技术引进、消化吸收再创新，能够进一

步增强上海市科技型企业核心竞争力，支撑民生改善和产业升级。

2. 发挥企业作用，保障成果后续推广

在工作机制方面，科委、经信委、广播电视局乃至市委宣传部门等各相关领域的职能部门实现了比较紧密的协作，在通过科学技术手段解决民生问题的工作中，获得了长效成果。从科技主管部门的角度，首先改革调整了各类科技计划和专项设置，大力推进集成应用示范工程建设，以项目为抓手，充分发挥科技的支撑引领作用。在实际执行中，如健康信息化行动、社区信息苑平台等工作，主要依托相关主管部门进行任务设计，以企业为研发的核心力量，由基层管理部门和服务部门进行日常管理维护，科技部门主要起到协调沟通的作用。两项工作推行多年，比较顺利地融入了居民日常生活，长期实行效果良好。

3. 需借助优势科研力量突破核心技术

上海市在开发应用科学技术解决民生问题方面，虽然已经取得了一定成绩，也针对突破核心技术、更好地满足居民需求进行了一些设计，在基础软件、轨道交通、康复医疗等民生工程中的关键技术开展攻关，也解决了部分实际问题，但整个工作还只是停留在点上突破，缺乏系统的谋划和设计。例如，部分行业由于基础研究长期薄弱，核心技术没有实质性突破，进而导致在产业转化方面受制于欧美跨国公司，最终往往使其自主创新能力的进一步提升陷入困境。为此，上海市科技部门还需要密切跟踪民生工程中存在的共性技术问题，积极鼓励骨干企业加大自主研发力度，构建产学研用结合的产业技术创新联盟，逐步用自主技术解决实际问题。

第三节　江苏省民生科技工作的政策、管理与实践

一、江苏省民生科技领域相关政策

江苏省民生科技相关政策起步较早（部分条文整理见表9-2）。2008年7月，江苏省科技厅即印发了《江苏省科技惠民工程实施方案（2008—2010年)》，提出要推动民生科技工作的运行机制创新，实施关系人民群众生产生活安全的科技示范、关系人民群众生命健康的科技示范、促进农民生活富裕的科技富民工程、推进生态文明建设的科技示范工程。方案还提到，要组织实施20个使百姓直接受惠的民生科技示范工程，建设20个经济发展、环境美好、社会和谐的国家和省可持续发展实验区，开展20个促进农民增收的"科技富民强县"工作试点，突破100项提高人民群众生活质量的关键技术。

表9-2 江苏省有关发展民生科技的政策文件

序号	政策名称	文号	发文时间	政策内容要点
1	江苏省科学技术厅关于印发《江苏省科技惠民工程实施方案（2008—2010年）》的通知	苏科社〔2008〕247号	2008年7月18日	到2010年，围绕人民群众最为关心的安全、健康、环境、生态等民生领域，组织实施20个使老百姓直接受惠的民生科技示范工程，建设20个经济发展、环境美好、社会和谐的国家和省可持续发展实验区，开展20个促进农民增收的"科技富民强县"工作试点，着力突破100项提高人民群众生活质量的关键技术，构建形成服务于民生的科技工作体系，积极培育发展民生科技产业，大力提高科技创新对民生领域的支撑引领作用。实施关系人民群众生产生活安全的科技示范；实施关系人民群众生命健康的科技示范；实施促进农民生活富裕的科技富民工程；实施推进生态文明建设的科技示范工程。要提高科技惠民工程的组织程度、加大投入力度、加强民生科技基础设施和服务平台建设、推动民生科技工作的运行机制创新、加强国际科技合作与交流
2	关于实施创新驱动战略推进科技创新工程加快建设创新型省份的意见	苏发〔2011〕10号	2011年5月18日	（1）开展民生科技促进计划。实施科技社区创建行动、民生科技促进行动、节能减排科技支撑行动、民生科普进社区行动，开展科技应用示范。到2015年，建成10大民生科技示范工程，突破100项重大公益性关键技术，推广应用200项先进适用技术和产品。（2）围绕感知健康、绿色建筑、公共安全、智能交通、防灾减灾、水环境综合治理、科技强警等重点领域，着力开展先进技术攻关，显著提升自主创新水平和集成创新能力。（3）大力创建科技社区，围绕智慧生活、平安生活、低碳生活，建设以"新知识普及、新技术示范、新产品应用"为主要内容的"三新"科技社区。（4）建设一批主题突出、辐射带动作用明显的可持续发展实验区
3	江苏省"十二五"科技发展规划	苏政办发〔2011〕167号	2012年1月5日	把科技惠及民生作为实施创新驱动的本质要求，推进科技进步与提高和改善民生紧密结合，加强先进适用科技成果的推广普及，使科技成果能够更多地惠及广大人民群众，服务和谐社会建设。围绕保障和改善民生的重大科技需求，大力开展科技社区创建行动、民生科技促进行动、民生科普进社区活动。积极推进建筑节能、治安监控、数字医疗、垃圾分类回收处理等适用技术的应用示范，建设100家科技社区。实施生命健康科技专项。支持南京建设科技青奥、绿色青奥，加强环境、交通等技术集成示范。围绕生态环保、绿色建筑、食品安全、公共安全、智能交通、防灾减灾等，组织实施民生科技促进行动，建设10大科技示范工程，集中力量突破建筑节能与绿色建筑、综合智能交通、安全生产应急处置、食品安全检测、重大疾病防控等一批重大公益性关键技术，加大新型传感网络、无线通信与监测、信息实时分析等技术在医疗、健康、交通、安全生产等领域的应用示范，显著提升重点领域科技支撑能力。大力推进可持续发展实验区建设，开展民生科普进社区活动

序号	政策名称	文号	发文时间	政策内容要点
4	关于进一步加强基层科技工作的意见	苏政发〔2012〕46号	2012年4月5日	（1）大力实施民生科技促进计划，在医疗卫生、公共安全、智能交通、防灾减灾、水环境综合治理等重点领域，切实加强技术攻关和成果转化，推广应用先进适用技术和产品，使科技成果更多惠及广大人民群众。 （2）加快建设以"新知识普及、新技术示范、新产品应用"为主要内容的"三新"科技社区，使之真正成为民生科技成果的展示区、先进适用技术的示范区和科技惠民的先行区。 （3）坚持科技引导、改革创新和实验示范，建设好可持续发展实验区。 （4）围绕建设绿色江苏和生态省，实施一批科技计划项目，开发一批核心技术和重大装备，推广应用一批共性技术，提升生态建设和环境保护科技水平
5	关于加快企业为主体市场为导向产学研相结合技术创新体系建设的意见	苏发〔2012〕17号	2012年10月10日	深入实施民生科技促进计划，实施民生科技示范工程，着力建设科技社区，显著提升科技对改善民生的推动作用

　　2011年5月，江苏省在《关于实施创新驱动战略推进科技创新工程加快建设创新型省份的意见》中，将民生科技作为重点领域进行了设计，明确了民生科技促进计划的内容和本省民生科技着重突破的技术领域。此外，文件提出要创建"三新"科技社区、推进可持续发展实验区建设，对江苏省此后一段时间的民生科技工作进行了规划布局。

　　在2012年3月发布的《江苏省"十二五"科技发展规划》中，进一步明确了民生科技工作在整个创新体系中的地位，即"把科技惠及民生作为实施创新驱动的本质要求"。并要继续"推进科技进步与提高和改善民生紧密结合，加强先进适用科技成果的推广普及，使科技成果能够更多地惠及广大人民群众，服务和谐社会建设"。此外，围绕民生科技各重点工程的规划也进一步细化，如明确了科技社区作为技术应用示范试验区的地位等。

　　2012年4月和10月，江苏省先后发布《关于进一步加强基层科技工作的意见》和《关于加快企业为主体市场为导向产学研相结合技术创新体系建设的意见》，强调加快推进民生科技各项工作对基层科技工作和技术创新体系建设的重要意义。其中，民生科技促进计划、科技社区工程和可持续发展实验区建设，得到了重点关注。

二、江苏省民生科技领域专项行动与成果

江苏是全国率先进行社会发展试验示范工作的地区之一。1985 年，江苏省常州市及无锡县华庄镇为全国城镇社会发展综合示范试点。2003 年，江苏启动实施了旨在提高百姓生活质量、改善生活环境的"社会发展科技示范工程"。2006 年起，启动部署节能减排科技支撑行动，组织实施了一批节能减排科技项目，在全省确定节能减排创新示范企业 40 家。2007 年，太湖蓝藻暴发后，全省应急组织实施百项太湖治理科技攻关项目。同年，在全国率先实施科技惠民工程，针对人民群众最为关心的安全、健康、环保、富民四大民生领域，重点启动实施了 10 大民生科技示范工程，10 大地方社会发展科技示范工程，10 大民生事业领域的科技公共服务平台。目前，全省拥有国家可持续发展试验区 4 家，国家可持续发展示范区 2 家，省可持续发展试验区 5 家。全省 13 个市全部列入国家科技强警示范市。南京市被列为全国唯一科技体制综合改革试点城市。

江苏省在民生科技方面投入较多。例如，2008 年省科技厅组织实施民生安全领域省科技计划项目 33 项，总投入 1.71 亿元，省级科技拨款 1966 万元；组织实施生命健康领域省科技计划项目 35 项，总投入 1.49 亿元，省级科技拨款 1639 万元；组织实施促进贫困农民富裕的省科技计划项目 85 项，总投入 2.81 亿元，省级科技拨款 1910 万元；组织实施生态环境领域省科技计划项目 69 项，总投入 8.52 亿元，省级科技拨款 4760 万元。

1. 可持续发展实验区建设

江苏是全国率先进行社会发展试验示范工作的地区之一。1985 年，江苏省常州市及无锡县华庄镇为全国城镇社会发展综合示范试点。1996 年以后，江苏省可持续发展实验区建设工作开展了一系列的探索与实践，积累了有益的经验。10 多年来，江苏省始终坚持在深入实施科教兴省战略的进程中，围绕贯彻科技部可持续发展实验区建设的整体部署，大力推进可持续发展实验区建设，切实发挥了实验区对地区经济、社会、生态协调发展，解决人口、资源、环境一系列重大问题的促进作用。截至 2010 年 2 月，全省前后共有 10 个地区被列为国家级可持续发展实验区，其中有国家级先进示范区 2 个，国家级实验区 8 个，省级、城镇级可持续发展实验区数量也在不断增加。实验区涵盖了全省 5 个省辖市的多个经济社会资源等条件和基础不同的县级行政单位，结合江苏实际，切实强化特色引导，使之能够全面推进，有针对性地重点突破。

江苏省的可持续发展实验区建设，围绕试点地区发展现状和需求，合理进行规划设计，突出了各区域的特色，较好地实现了差异化发展。例如，常州市以保障城市功能设施安全与可持续发展的数字地下管线技术为突破口，基本确立了依

靠现代信息高技术推动"数字常州"发展的城市建设模式定位；江阴市以苏南发达地区土地资源协调发展与废弃物的再生利用等项目群为切入点，确定了以生态重建与资源可持续利用为目标的城镇发展模式；围绕苏北地区农业产业结构调整的战略目标和主要特点，选择大丰市以麋鹿国家保护区和沿海滩涂开发为契机，提出和探索全面建设生态县的经济与社会可持续发展思路等。这些实验区的发展与建设，对江苏省各地的经济建设和社会发展，特别是如何寻求可持续发展之路，发挥了重要的示范引导作用，产生了积极的辐射效应。

江苏省不仅重视国家级和省级的实验区建设，也选择一批经济实力较强、具备一定科技资源条件、社会居住环境与人民群众需求之间存在差距、发展民生科技条件适合的市县，进行范围较小、针对性更强的可持续发展实验。比如，进一步选择在全国县域经济百强县前10名中居前7位的昆山市、张家港市、常熟市、太仓市、宜兴市规划建设可持续发展实验区。特别是指导位于百强县之首的昆山市，选择"推进城乡一体，建设和谐昆山"为实验主题，以此为引领，强力推动昆山全市可持续意识的进一步深化和可持续工作的全面展开。经过2~3年的发展，这些县级实验区的民生科技工作水平和可持续发展水平得到明显提升，其中部分实验区成功升格为国家级实验区。

2. "科技社区"工作推进

2003年，江苏启动实施了旨在提高百姓生活质量、改善生活环境的"社会发展科技示范工程"，特别强调要在促进区域可持续发展方面，以中心镇和大城市社区为重点，研究可持续发展规划、支柱产业清洁生产与资源可持续利用、小城镇和社区公共设施服务等应用技术，并在此基础上，建立现代小城镇、滩涂湿地生态保护、工业型生态水乡等一批示范样板，促进江苏城镇经济增长和社会发展模式的转变。十几年来，江苏省始终坚持以科技创新带动区域可持续发展、进而提升全省可持续发展水平的工作思路。在江苏省科技厅发布的《2011年度省科技支撑计划（社会发展）项目指南》中指出，为保障和改善民生的重大科技需求，将着力加强生物技术和新医药产业的核心技术突破，积极推进科技社区建设、组织实施民生科技示范工程，加快民生领域的科技创新。其中，"科技社区建设"首次纳入省科技计划支持重点，围绕智慧生活、平安生活、低碳生活等三大主题，以社区为载体，大力推广科普知识，集中推进一批先进适用技术的集成示范和公共事业新产品的推广应用，建设一批"新知识普及、新技术示范、新产品应用"的三新科技社区，让科技创新成果惠及广大社区居民。"科技社区"建设，作为江苏省重点推进的民生科技示范性工程，通过循序渐进的工作开展，取得了大量科技创新成果，在江苏省多个城市实现推广应用，并进而扩散到了长三角其他几个省（直辖市）中。

江苏省科技社区工作，在省、市、区县三个层级上，分别组织实施社区科技示范，以国家级可持续发展实验区、省级可持续发展实验区和市县中科技试点社区等不同层级的项目为依托，根据各地社会发展需求，有重点、分批次地展开多种多样的科技社区建设。

三、江苏省民生科技工作的经验特点

1. 依托基层社区寻求科技成果应用

江苏省在全国范围内较早开展了社会发展领域的示范试点工作，特别是在可持续发展实验区工作方面，江苏省在实验区建设数量和水平方面都处于全国前列。2008 年以来，"科技社区"成为江苏省社发试点工程的又一个突破口，通过在不同层级的社区应用不同领域的民生科技成果，陆续解决了一大批试点地区民众关心的问题，推动了民生科技工作的发展。

特别是，江苏省以科技惠民工程为契机，加强实验区示范工程与国家重大科技项目、全省重大民生工程、太湖水污染治理、"生态省"建设等重点工作的紧密结合，有机衔接技术开发、工程示范与专项行动，集成调度和筹措各项资金，形成在百姓关心的重点领域和热点问题上能够有大的投入并产生大的突破，一方面有效利用了省内各类科技创新资源，提升了科技实力，另一方面逐步解决了民众关心的重大问题，提升了社会发展水平。

2. 多主体协同开辟成果应用示范平台

在民生科技工作开展过程中，江苏省科技厅、经信委等多个主管部门紧密协作，并吸纳省内高等院校的智力资源和国家级大型企业的研发力量，以政府项目为契机，为科技创新成果寻找地区应用转化平台。

例如，在科技社区项目和可持续发展实验区的组织模式和操作机制上，科技厅积极与社会事业领域的主管部门、实施地政府和示范工程的承担企业紧密联合，采取集成支持、共同出资、联合推动等方式，把部门工作、地方工作和企事业单位的社会责任统筹起来，形成实验区建设的合力，探索创新民生科技工作的协作机制，取得良好成效。

3. 试点区域之外的成果推广路径尚待探索

在推进各类试点地区示范工程的同时，江苏省也不断探索将试点技术实现全省推广的路径，并在推广方面取得了一定成绩。例如，江苏省经信委与中国电信合作在扬州成功上线"智慧江苏"信息平台后，半年间，盐城、南京和泰州等地也将原有的市民信息网整合到了"智慧江苏"平台中。但也要看到，江苏省在科技社区工作中，还存在"树典型"现象，多层次、分批次建设的科技社区、可持续发展实验区、各种科技试点区域等各类试点工程，在技术重点和提供产品方面存在相互割裂现象，试点技术成果的推广缺乏长效和常态的工作机制。如何更好地发挥社会发展示范试点工程带动其他区域发展的作用，还需要在手段与机制方面继续进行探索。

第四篇　民众需求、产业发展与科技创新

第十章　需求导向的重点民生科技工作探索

本章以人口健康、生态环境、公共安全和城市管理为 4 个主要领域，整理出符合北京发展阶段的民生科技产品与服务，采用专家研讨、抽样调查、小组座谈等方式，统计了居民最关注、最需要的产品和服务，并总结了技术专家对热点民生科技产品和服务的预测和评论。基于居民需求的统计分析由两部分得分组成，分别是"需要某种产品的意愿强烈度"和"这种需要已经得到满足的程度"。意愿强烈度得分越高，说明该项产品或服务受关注程度越高；满足程度得分越高，说明居民对该项产品或服务的供给越满意。本章图表数据如无特殊说明，均来自执笔组于 2013 年进行的居民民生科技需求调查。

第一节　居民民生科技需求总体情况

一、总体情况

从民生科技整体情况上看，表 10-1 显示，目前北京居民需求最迫切的是城市管理领域的产品和服务，生态环境方面的需要紧随其后。根据个体年龄和身体状况的不同，居民对健康领域的需求存在较大分歧；而他们在安全方面的需要相对得到了较好的满足，不但需求迫切度相对较低，而且答案比较集中，表示多数受访者的意见比较一致。

表 10-1　各领域民生科技需求得分

领域名称	样本/个	每题平均得分/分
城市管理领域	339	0.979 0
生态环境领域	339	0.976 7
人口健康领域	339	0.901 2
公共安全领域	339	0.782 0
有效的问卷数量	339	

尽管健康和安全领域的需求紧迫度较低，但也要注意到，这两个领域需求程度的得分最高，可见与健康和安全有关的产品和服务仍然是居民维持正常生活必不可少的保障。而健康和安全领域迫切程度得分较低，更多是由于北京多年来已经在健康和安全方面进行了大量努力，使得居民的需求得到了较好满足。

将不同领域的产品和服务整合起来，对北京居民民生科技需求进行综合排序，可得到表10-2，即居民目前需求最迫切的民生科技产品与服务排序。其中有些是综合性、超越区域的问题，在城市层面上要彻底解决存在困难；但北京市以建设中国特色世界城市为目标，应当积极推动创新试点，发挥经济和科技资源优势，以民生科技为手段提高城市宜居水平，带动城市和区域发展。

表10-2   北京居民迫切需要的民生科技产品或服务

序号	科技产品或服务	样本/个	均值/分
1	尽可能避免重复施工的道路施工技术	339	1.357 1
2	空气污染治理	339	1.342 3
3	粮食、蔬菜等作物的残留污染物检验	339	1.312 5
4	没有障碍、比较安全的自行车道、行人道	339	1.303 6
5	通过电话和网络，由正规医生进行的初步问诊	339	1.237 8
6	能预告公交车到站时间的电子公交站牌	339	1.223 2
7	饭馆的餐厨垃圾的无污染处理	339	1.209 4
8	根据道路流量，可以智能调整控制时间的信号灯系统	339	1.207 7
9	快捷、可靠的网络挂号平台	339	1.138 6
10	绿色、环保的建筑材料，如保温窗户、无甲醛涂料等	339	1.124 3

二、需求重点

通过对北京居民民生科技需求调查问卷进行分析，我们得到以下结论。

（1）目前北京居民感到最迫切需求的是城市管理领域的科技产品和服务，其次是环境方面。特别是围绕交通问题、空气污染和农产品污染问题、远程和家庭医疗保健问题及城市垃圾问题等几个主要问题，反映出居民需求的集中程度较高，希望得到改进的意愿很迫切。

（2）综合考虑居民认知度、居民意愿、全市情况和产品的技术发展，北京市近期应当重点发展的民生科技产品和服务包括：

①服务于身体机能退化或患有老年病和慢性病的老年人的设备与技术，包括家用的监控与呼救设备、急救运输与急救技术、家用辅助医疗设备等。

②远程医疗咨询和信息化医疗系统，包括正规的远程医疗咨询、网络挂号、电子健康档案等。

③农产品的污染物残留检验。

④城市垃圾污染治理，包括饭馆餐厨垃圾、装修垃圾等。

⑤城市交通治理，包括改善非机动车道通畅性和安全性、智能公交站牌和信号灯系统、高效的道路施工技术等。

（3）根据技术领域专家研讨，借鉴世界城市经验，结合问卷统计的结果，北京可引导科研机构和企业合作开发科技产品并进行小范围试点应用，争取率先实现新技术的应用推广、解决民生问题的科技产品和服务有：

①老旧小区居民楼的屋顶绿化技术；

②食品营养功效研究；

③专门、全面的亚健康体检；

④区域协同的安全监控图像实时管理系统；

⑤提高住宅楼内外隔音水平的新型技术与民用设备。

第二节　人口健康领域需求与民生科技

有效预防和治疗疾病是人生存的基本需要，医疗领域的很多科技产品在居民看来都是生活中必不可少的内容。因此从需求意愿量表方面看，北京居民对人口健康领域科技产品与服务的需求意愿比较强烈，且几乎全部选项的统计标准差都较小，显示出答题的居民对健康领域的产品需求意愿比较一致和集中。

一、居民感觉最需要的是人口健康产品和服务

人口健康领域的科技类产品和服务，居民认为最需要的是："流行病和常见病的预防知识宣传""急救车上的抢救技术和设备""快捷、可靠的网络挂号平台""流行病和常见病的诊断技术""见效快、毒性小的疫苗"（表10-3）。

表10-3　居民认为重要的人口健康领域科技产品或服务

序号	产品或服务	样本/个	均值/分
1	流行病和常见病的预防知识宣传	339	4.163
2	急救车上的抢救技术和设备	339	4.0119
3	快捷、可靠的网络挂号平台	339	4.0030
4	流行病和常见病的诊断技术	339	3.99
5	见效快、毒性小的疫苗	339	3.98
⋮	⋮		⋮
19	各类营养成分对人体健康具体功效的研究和科普	339	3.8309
20	针对老年人、婴幼儿、孕妇和病人的特殊营养食品	339	3.7708
21	家用辅助医疗工具	339	3.6686
	有效样本数	339	

其中，对流行病和常见病，认为预防知识更重要的居民要多于认为诊断技术更重要的人，可见一般居民更倾向于预防胜于治疗的观点，这也是节约公共医疗资源、降低个人医疗成本的正确观念。有关部门可以因势利导，进一步引导专业医疗资源参与到社区疾病科普活动中，帮助居民强化这种认识。

同时也可以看到，很多居民感到急救车上的抢救技术和设备与自身生活息息相关。结合年龄倾向来看，36岁以上的填答者明显更为看重这项服务，在这个

年龄层的答案中，急救车技术平均得分4.03分，排名健康领域第3位；而19~35岁人群则仅为急救车技术打出3.96分的平均分，排名健康领域第8位。可见，中老年人或多或少担心自己有可能会遇到疾病急性发作、需要求助于急救系统的突发事件，对急救设备与技术存在比较强烈的需求。北京道路交通情况比较复杂，相关部门有必要考虑如何应对居民此项需求，进一步提高急救系统的效率、逐步将一部分急救资源分散到各区县和街道的医疗点。

人口健康领域第三项重点需求是快捷、可靠的网络挂号平台，在这个问题上，年龄差异性也表现得十分明显，年轻人更需要这项服务（在60岁以上答题者中，网络挂号平台仅排名健康领域第13位，36~59岁答题者将网络挂号平台视为健康领域第4名，而19~35岁答题者认为网络挂号平台是健康领域中对他们来说最为重要的科技产品）。分析原因，老年人群对这项产品反映比较冷淡可能是由于老年人群对网络不熟悉，而且医院能够提供的、针对单一疾病的诊疗服务，对他们而言不如日常保养和健康监控产品更为重要，后者包括家用监控设备、社区健身活动、针对老年人安排的综合体质测评等。

二、尚未充分满足的人口健康产品和服务

从客观上需求得到满足的角度分析，目前北京居民认为客观需要尚未得到满足（即满足度得分显著低于中间值）的主要有：家用身体状况监控与呼救设备；通过电话和网络，由正规医生进行的初步问诊；亚健康体检和亚健康症状诊断；快捷可靠的网络挂号平台；家用辅助医疗工具；跨医院、跨区域共享的电子健康档案；针对行动不便的残障和老年人，在家中使用的辅助医疗设备；控制慢性病发展的技术药品和服务（表10-4）。

表10-4 尚未满足居民需求的人口健康领域科技产品或服务

序号	产品或服务	样本/个	均值/分
1	家用身体状况监控与呼救设备	339	2.6435
2	通过电话和网络，由正规医生进行的初步问诊	339	2.6444
3	亚健康体检和亚健康症状诊断	339	2.8399
4	快捷可靠的网络挂号平台	339	2.8675
5	家用辅助医疗工具	339	2.8701
6	跨医院、跨区域共享的电子健康档案	339	2.8705
7	针对行动不便的残障和老年人，在家中使用的辅助医疗设备	339	2.8936
8	控制慢性病发展的技术、药品和服务	339	2.9398
⋮	⋮	⋮	⋮
19	与母婴有关的优生优育、避孕节育、胎儿身体状况诊断等身体检查和咨询服务	339	3.2333
20	营养与健康知识宣传	339	3.2667
21	流行病和常见病的预防知识宣传	339	3.3483
	有效样本数	339	

从满足程度上分析，居民目前比较不满意的产品和服务可大致分为两种类型：一类是服务于身体机能退化或患有老年病和慢性病的老年人的设备与技术；另一类则是远程医疗服务。特别是，相当一部分答题的居民认为，现有的家庭用身体状况监控与呼救设备无法满足个人需要，这与北京市目前空巢老人较多的现状是分不开的。老人希望能够比较便捷地了解自身健康状况，而家人更希望能在外出工作时确知家中老人的安全。目前，北京正在社区康复和居家康复的理念影响下不断推进社区医疗体系建设，也应当重视开发和引进更多家用、个人用科技产品，提高家庭检测的详细度和准确度，并继续研究如何使在外的家人及时得知老人的身体状况。考察已经试点应用的多种在紧急情况发生时通知外界的老年人用品，目前居民反馈态度不一。为了更好地满足居民对家庭监控设备的需要，有关部门可以考虑对用过相关产品的人群开展跟踪评价调查，再将居民的需要反馈给技术中介机构，由中介机构寻找可用技术和产品。此外，开发家庭用的医疗监控设备，也能够为全市三级医疗体系的建设和智慧养老等工作提供帮助。

居民对远程专业医疗咨询的需要，关键词是"远程"和"专业"。应当看到，现在已经有了若干类似"39健康网""闻康网"等较大的网站，能够回应网络提问，就一些常见症状提供来自医务人员的咨询意见；但这些网站在物理上与居民生活距离较远，难以确认答疑人员的真实、专业身份，而且医疗咨询涉及药品与设备选择问题，也难免有医药企业人员以回应咨询问题为幌子，推销自身产品。在远程医疗咨询方面，应当调动各级医院的力量，将咨询提问系统整合进全市的居民服务信息系统或社区信息平台中，并且加强日常宣传，通过基层工作人员的日常推广，逐渐使居民熟悉这类信息服务。未来，还可以考虑将居民的医疗咨询信息与电子健康档案进行整合，融入医院的信息系统，为居民后期就诊提供方便。

三、人口健康领域产品与服务总体需求情况

进一步检视本问卷的结果，若将人们主观感受中的重要程度与客观上被满足的程度结合起来考虑，一方面选择人们感到最重要的，另一方面过滤出在最重要的产品中尚未得到很好满足的部分，运用差值法，可得到表10-5。这也是人口健康领域民生科技产品与服务的迫切程度排序。其中，差值大于1的选项，即被视为居民的需求意愿与客观供给相对还没有很好匹配的产品和服务，主要包括：通过电话和网络，由正规医生进行的初步问诊；快捷可靠的网络挂号平台；家用身体状况监控与呼救设备；亚健康体检和亚健康症状诊断；跨医院、跨区域共享的电子健康档案。

表 10-5　亟待发展的人口健康领域科技产品或服务

序号	产品或服务	样本/个	均值/分
1	通过电话和网络,由正规医生进行的初步问诊	339	1.237 8
2	快捷可靠的网络挂号平台	339	1.138 6
3	家用身体状况监控与呼救设备	339	1.121 6
4	亚健康体检和亚健康症状诊断	339	1.099 7
5	跨医院、跨区域共享的电子健康档案	339	1.042 2
⋮	⋮	⋮	⋮
18	各类营养成分对人体健康具体功效的研究和科普	339	0.743 9
19	自我健康管理知识宣传	339	0.708 2
20	与母婴有关的优生优育、避孕节育、胎儿身体状况诊断等身体检查和咨询服务	339	0.649 4
21	营养与健康知识宣传	339	0.640 2
	有效样本数	339	

亚健康问题近年来受到中青年人群的广泛关注,目前医院提供的体检服务中,还很少有能够充分对亚健康作出科学全面评估和解读的项目。根据我们前期与技术领域专家的座谈,亚健康评估事实上是独立于常规体检的,需要使用整套独立的医疗检测设备,花费相当的时间和专业人员成本,才能对受检者的"亚健康"状态作出适宜的评价,需要的科学知识既有医疗知识,也有保健和营养学知识,涉及学科较多。目前从全市范围看,亚健康评估也仍处于探索实验、小范围试用的阶段。考虑到北京居民确有这方面的需求,而且亚健康也正在日益成为影响城市居民普遍健康状况的重要问题,有关部门可以考虑与相关科研机构和企业接洽,积极尝试率先对小规模亚健康评估进行试验性、示范性的应用,探索开辟保健与医疗相结合的新角度,造福居民生活。

与健康有关的产品和服务直接受到人的年龄和身体状况的影响,因此在得分集中程度上,有些选项的得分不集中,可以推断是由于这些选项针对不同的人群。但是,也有一些选项的差异无法简单用目标人群不同来解释,如"标明热量与营养成分的标签"。对热量和营养的关注,是人保持健康生活、远离亚健康状态的重要手段,国家近年来也花费相当多的资源和力量在研究各类食物的有益和有害成分,并且已经通过法律手段强制商家在预包装食物上标明营养成分。人们对这项服务的态度差异较大,可能是由于居民对食品营养与保健科学的认识程度不同。综合来看,居民对营养学保健知识整体的关注度都比较低,认为这些东西与日常生活没有直接关系(相关选项在需求意愿强烈度排序中比较靠后,并且大多数答案得分较低)。然而,接受访谈的营养学专家明确表示,每天摄入的食品直接关系到人的健康,人体对营养素的需要是有标准的,并非摄入越多越好;一般认为通过食物摄入营养,也比直接服用营养片更自然、更有益。因此,科学分析食品营养成分、合理安排摄入,是保健和积极预防疾病的重要手段,这种观点已经在国外科学界证实,并得到了广泛接受。因此,我们建议北京市有关部门在进行社区健康科普等活动时，应加强对普通食品的营养保健功效的宣传，帮助居民活得更健康，避免养生误区。

第三节　生态环境领域需求与民生科技

一、居民最感需要的生态环境产品和服务

在生态环境领域，从产品或服务重要性的角度看，排名前5位的依次是"空气污染治理""绿色、环保的建筑材料""粮食、蔬菜等作物的残留物检验""饭馆的餐厨垃圾无污染处理"和"医疗垃圾、电池等有毒有害垃圾的无害化处理"（表10-6）。其一，针对"空气污染治理"问题，参与答卷的居民在这个选项上的态度高度一致，大多数居民认为这是严重影响生活的问题。其二，对环保建筑材料和食品污染物检验的需求，和近年来不断爆出的负面新闻有直接关系，建材中的有害气体和食品污染物对人体的危害已经经科学证实，有必要进一步开发成本低、操作简便的家用检验设备，方便居民在生活中使用。其三，北京市人口密度大、特别是中心城区商业区多，居民对饭馆餐厨垃圾的意见比较大，饭馆餐厨制造的垃圾和排放的废气也已经成为影响环境的核心原因之一。有鉴于此，应加快开展饭馆餐厨垃圾的合理储藏、及时运输等技术的研究，推动适宜科技成果的应用和试点，探索改善饭馆密集区域周边的环境。

表10-6　居民认为重要的生态环境领域科技产品或服务

序号	产品或服务	样本/个	均值/分
1	空气污染治理	339	4.12
2	绿色、环保的建筑材料	339	4.03
3	粮食、蔬菜等作物的残留物检验	339	4.00
4	饭馆的餐厨垃圾无污染处理	339	3.94
5	医疗垃圾、电池等有毒有害垃圾的无害化处理	339	3.94
6	空气污染源危害评估	339	3.91
7	生活污水过滤处理	339	3.90
⋮	⋮	⋮	⋮
17	隔绝电磁辐射的家用设备	339	3.60
18	新能源汽车	339	3.39
	有效样本数	339	

二、尚未充分满足的生态环境产品和服务

从该项需求是否被满足的角度来看，目前居民感到最不满意的民生科技产品和服务依次是："粮食、蔬菜等作物的残留物检验""装修垃圾和生活中的废弃

物的循环利用处理""饭馆的餐厨垃圾的无污染处理""隔绝电磁辐射的家用设备"和"新能源汽车"（表10-7）。市内有许多老建筑，近年来随着建筑装修的老化和房屋转手，旧城区中装修活动相对频繁。而装修制造的大多数垃圾都堆积在小区院内，积累到一定程度后再卖给垃圾场直接填埋。在技术专家看来，这种做法是不卫生和极为浪费的。专家表示，目前北京垃圾堆积问题如此严重，装修垃圾已经成为污染主因之一，特别是与国外一些大型城市相比，北京对垃圾问题的处理方式还比较落后、设备还比较原始、效率还比较低下。大多数装修建材垃圾都可以经过一定处理实现再利用，这无论对垃圾倾倒、垃圾堆积还是城市发展，都是一举多得的行为。居民对垃圾问题的不满意程度较高，迫切需要政府加强协调引导，帮助居民找到能够回收处理装修垃圾的机构和企业，降低居民生活成本、改善环境质量。

表10-7　尚未满足居民需求的生态环境领域科技产品或服务

序号	产品或服务	样本/个	均值/分
1	粮食、蔬菜等作物的残留物检验	339	2.668 6
2	装修垃圾和生活中的废弃物的循环利用处理	339	2.692 3
3	饭馆的餐厨垃圾的无污染处理	339	2.719 8
4	隔绝电磁辐射的家用设备	339	2.724 9
5	新能源汽车	339	2.767 9
6	空气污染治理	339	2.769 2
7	净化空气的家用设备	339	2.804 7
8	治理城市周围的垃圾堆积	339	2.822 0
⋮	⋮	⋮	⋮
16	净化饮水的家用设备	339	3.011 9
17	绿色环保的家居用品	339	3.065 3
18	生态环保知识科普宣传	339	3.218 9
	有效样本数	339	

三、生态环境领域产品与服务总体需求情况

结合以上两类得分，总结北京在生态环境领域面临的最严重问题就是空气污染问题。考虑到空气的扩散性和空气污染问题的复杂性，解决空气污染问题，不可能只依靠一座城市的力量，政府部门可以考虑从街道、社区和居民住宅微环境改善入手，加强空气有害成分的检测，辅以环境科普知识，引进一些能够改善微环境空气质量的技术设备，尽可能改善区域空气污染状况。

进一步分析两组问题的差值，即同时考虑到"该项产品和服务对居民生活的重要性"，以及"该项产品和服务是否已经满足了居民的需要"，再次分析数据，进行排序。取所有减法差大于1的选项，认为这是当前居民反映出的最紧迫需求，即表10-8所示。

表 10-8　亟待发展的生态环境领域科技产品或服务

序号	产品或服务	样本/个	均值/分
1	空气污染治理	339	1.342 3
2	粮食、蔬菜等作物的残留物检验	339	1.312 5
3	饭馆的餐厨垃圾无污染处理	339	1.209 4
4	绿色、环保的建筑材料	339	1.124 3
5	医疗垃圾、电池等有毒有害垃圾的无害化处理	339	1.095 5
6	装修垃圾和生活中废弃物的循环利用处理	339	1.095 0
7	工地扬尘、汽车尾气、垃圾焚烧等空气污染源的危害评估	339	1.068 2
8	治理城市周围的垃圾堆积	339	1.017 8
⋮	⋮		⋮
16	绿色环保的家居用品	339	0.730 0
17	新能源汽车	339	0.610 1
18	生态环保知识科普和宣传	339	0.485 1
	有效样本数	339	

　　可以看到，北京居民对生态环境领域民生科技的需求是相对集中的。除空气污染问题外，食品安全和食品中有害成分检测工作依然是居民关注的焦点。尽管北京市已经通过各类大众媒介，包括电视节目、报纸宣传、广播栏目等方式，不间断地对"如何吃得安全"这一问题进行了多方位的科学普及和宣传，但居民仍在很大程度上感到对食品安全的担忧。针对居民的这一项需求，可以考虑加强市场管控，对菜市场和超市强化管理，严防不合格的作物进入市场。同时，组织专业人员在各社区中开展巡回科普宣传，不但要宣传如何分辨有污染残留的农作物，更要宣传如何去除这些污染，以及污染对居民身体健康究竟有何危害，让居民知其然、知其所以然，通过恰当的宣传引导，维护和谐有序的社会氛围。

　　此外，通过对各街道答案的单独分析发现，多个街道的居民比较集中地对周围垃圾的堆积感到不安。从统计离散度方面看，居民对垃圾处理工作的意见分歧较大，这也与前期调研的结果相一致。由于垃圾堆积是一种对周边居民生活影响较大而污染范围相对较小的问题（特别是与空气污染等影响范围非常大的问题相比），如果居民生活环境周边存在垃圾污染，则一般人会投以很大的关注；而相距一定距离的街道或社区，甚至不会意识到垃圾污染的危害性，因此在这方面的意见分歧是可以解释的。有关部门应当将垃圾问题的处理具体落实到街道和社区层面，对垃圾放置、运送和分解等环节进行技术改进。

　　再有，居民在隔绝电磁辐射和净化饮水方面也存在比较大的意见分歧，这两项很难用微观区域差异来解释。可以推断，目前居民在电磁污染和饮用水污染方面，认识还不统一，使用民用净化产品的情况也不一致。生活中的电磁辐射是否对人体有害，以及目前北京饮用水供应质量的问题，一直属于科普宣传中的焦点问题，在公共舆论中，对这些问题的看法千差万别，特别是一些厂家为了推销产品而进行的夸大性广告宣传，使得人们在是否使用、如何使用相关产品方面，还没有得到公正、科学的判断导向和专业意见。这方面的知识科普，可以考虑在北京下一阶段的基层环境知识科普教育中安排相关内容。

从迫切度统计结果中也可以看到，目前居民感觉比较满意的民生科技产品与服务包括生态环保知识科普和宣传、新能源汽车、绿色环保的家居用品等，可以看出北京在生态环保科技宣传普及方面已经实现的工作成效。

第四节　公共安全领域需求与民生科技

公共安全也是关系到居民日常切身生活的重要领域。从社会安全方面看，北京市中心城区内有大量重要金融区域和人群密集区，大部分社区都推广了安全摄像系统和信息追踪系统，居民对一些涉及公共安全的科技设备相对接触较多，也比较了解。从自然灾害应对方面看，近几年各地频发严重地震，北京大雨暴露出市政管理漏洞，这都让居民对灾害预防和自救等技术越来越重视。因此，问卷结果反映出，居民普遍认为安全领域的科技产品和服务对生活比较重要，而目前的满足情况得分较好，说明北京多年来持续推进的安全保障工作是卓有成效的。但是，公共安全领域的调查结果也反映出，目前居民在认识上还存在一些盲点，有关管理者可以针对这些盲点进一步开展工作，保障居民的生命财产安全。

一、居民最感需要的公共安全产品和服务

首先，从主观感受方面看，如表10-9所示，公共安全领域的各项产品服务得分相对比较集中，且需求意愿普遍比较强烈。灾害预警信息公开发布、灾害后的应急通信，以及灾害后的自救知识科普等三项得分最高，明显看出居民在公共安全方面关注的焦点是如何应对突发灾害。但是我们也注意到，"可以即时更新应急避难路线指示图的GPS、手机软件等"的得分仅列领域倒数第三位，而许多公共安全领域资深技术专家反复强调这类产品在国外经验中可以有效降低灾害伤亡，保障灾后逃生。分析原因，可能是普通市民接触这类产品还相对较少，对产品和技术缺乏概念，不清楚它们能够起到的作用。考虑到技术专家的意见，科技、城市管理和交通部门应当加强合作，为现有的交通实时路况软件加入新功能，即探测道路障碍功能，一旦发生道路事故完全无法通行的情况，就即时将信号反映到市民持有的移动终端上。这项技术并非日常生活中的必需品，但一旦有重大事故发生，可以有效地帮助居民选择恰当的逃生线路，缩短逃生时间。

表 10-9 居民认为重要的公共安全领域科技产品或服务

序号	产品或服务	样本/个	均值/分
1	通过电视、网络、社区公告栏等渠道发布灾害预警信息	339	4.15
2	保障灾害发生后，通信网络畅通的技术和设备	339	4.13
3	重大灾害发生后的自救、互救知识科普和宣传	339	4.03
4	防范生活中常见安全事故的知识宣传	339	3.96
⋮	⋮	⋮	⋮
10	可即时更新应急避难路线指示图的 GPS、手机软件等	339	3.79
11	建筑工程、装修工程中的自我保护安全知识宣传	339	3.71
12	劳动保护知识宣传与装备	339	3.71
	有效样本数	339	

二、尚未充分满足的公共安全产品和服务

从需求满足程度上看，目前北京居民公共安全领域的需求已经得到了较好满足。表 10-10 中，仅有的一项居民满足度低于中间值的科技产品是民用的便携应急自救装备，如防毒面具、消防绳等。这些产品中，有相当一部分是用于日常可能会出现的紧急状况。例如，居住在高层建筑的居民家中失火后，只要学会使用消防绳的简单技能，就能相对快速和安全地远离火场、到达地面。因此，事实上这类产品对保护居民安全是相当重要的。目前市面上的消防绳等产品来源比较复杂，质量不一，价格相差很大，为了回应居民的需要，有关部门可以安排召集有专业资质认证的研发机构或企业，向居民推荐可信赖的相关产品。

表 10-10 尚未满足居民需求的公共安全领域科技产品或服务

序号	产品或服务	样本/个	均值/分
1	民用便携应急自救装备	339	2.870 2
2	可即时更新应急避难路线指示图的 GPS、手机软件等	339	3.026 5
3	高层建筑中应急逃生路线的设计和标志	339	3.032 5
4	家用安全器材	339	3.038 3
⋮	⋮	⋮	⋮
11	防范生活中常见安全事故的知识宣传	339	3.360 9
12	通过电视、网络、社区公告栏等渠道发布灾害预警信息	339	3.398 2
	有效样本数	339	

三、公共安全领域产品与服务总体需求情况

综合来看，公共安全领域居民科技需求的迫切程度排序中，仅有民用便携应急自救装备一项的得分大于1，可见北京市在公共安全方面的工作已经得到了居民的肯定（表 10-11）。

表 10-11　亟待发展的公共安全领域科技产品或服务

序号	产品或服务	样本/个	均值/分
1	民用便携应急自救装备	339	1.017 7
2	保障灾害发生后，通信网络畅通的技术和设备	339	0.964 6
3	排查社区中安全隐患并告知居民	339	0.866 5
4	家用安全器材	339	0.817 1
5	社区安全监控摄像头和信息追踪技术	339	0.815 5
⋮	⋮	⋮	⋮
11	防范生活中常见安全事故的知识宣传	339	0.594 7
12	劳动保护知识宣传与装备	339	0.582 8
	有效样本数	339	

　　值得注意的是，居民对待"社区安全监控摄像头和信息追踪技术"的态度存在一定差异。在对北京一些街道的调研过程中我们注意到，尽管绝大多数地区都已经普遍安装了大量监控摄像头，摄像监控区域基本能够覆盖主要人多地段，但仍然存在两个主要问题。其一，摄像头只是图像采集系统，对采集到的图像，还需要专人进行日常监控和管理；而专人管理需要后续费用的持续支持，有些社区缺乏相关经费，因此监控摄像头的"即时监管"功能就打了折扣。有些街道，专门安排了供"社区安全中心"使用的房间，从企业手上买下了整套的摄像头和屏幕墙，但事实上却并没有保证有操作员每天负责检查这些即时录像。其二，有的街道工作人员反映，摄像采集系统固然重要，但目前各街道之间还缺乏公共安全信息的协同平台。例如，有人在甲小区偷了自行车，甲小区的摄像系统完全记录了该人的相貌和行踪，但偷车人离开甲小区到达乙小区后，甲小区的安全图像就无法继续追踪了。当然，公共安全管理人员可以要求乙小区继续调用安全录像，但在各区域调动过程中需要时间来进行沟通和解释，可能会延误破案时机。因此我们建议，既然居民对安全摄像头的重要性和能够起到的作用还有分歧，并且目前安全摄像系统的确还存在一些问题，应考虑在市级层面上整合各地安全录像信息，包括流动警车的监控录像等，汇为一个统一的政府安全管理平台，有权限的管理者可以直接调用全市安全信息；同时，应当寻找技术力量，开发能够识别摄像中异常信息的技术和软件，节约长期持续的人力成本，也充分发挥好已经布设的区域安全监控体系的作用。

第五节　城市管理领域需求与民生科技

　　城市管理领域的工作纷繁复杂、覆盖面广，内容涉及居民生活的方方面面。本问卷选取了城市管理工作中与居民生活关系最密切的一些需求要点，询问居民对科技类产品和服务的看法。

一、居民最感需要的城市管理产品和服务

首先，从整体需求意愿上看，居民对城市管理相关民生科技产品和服务的需求意愿普遍还是比较强烈的。反映最强烈的产品项依次是：没有障碍、比较安全的自行车道和人行道；合理设计的机动车道行驶路线和道路标志；尽可能避免重复施工的道路施工技术；能发布各类生活信息的社区公告栏和公交信息屏；商场、地铁和旅游景点等人口密集区的应急疏散方案；在住宅楼内部，能增强隔音效果的材料和工艺；等等（表10-12）。

表10-12　居民认为重要的城市管理领域科技产品或服务

序号	产品或服务	样本/个	均值/分
1	没有障碍、比较安全的自行车道和人行道	339	4.147 9
2	合理设计的机动车道行驶路线和道路标志	339	4.053 3
3	尽可能避免重复施工的道路施工技术	339	3.976 3
4	能发布各类生活信息的社区公告栏和公交信息屏	339	3.973 4
5	商场、地铁和旅游景点等人口密集区的应急疏散方案	339	3.967 5
6	在住宅楼内部，能增强隔音效果的材料和工艺	339	3.958 6
7	路灯、广告牌、市政排水管道等市政设施的维护	339	3.955 4
⋮	⋮	⋮	⋮
15	路旁和公园中绿色植物的保养	339	3.828 4
16	屋顶绿化的技术与设施	339	3.501 5
	有效样本数	339	

很明显，目前影响居民生活的首要城市管理问题就是交通问题。科技只是解决交通问题的手段之一，因此我们在设计题项时，已尽可能将交通相关问题加以具体化，希望将询问范围缩减到民生科技的范畴之内，但居民仍然对相关问题反映强烈，意愿评估的前三位都属于道路交通的范畴。引起交通问题的原因千头万绪，不可能通过一种措施就完全解决，因此首先还是要从具体技术与产品的角度出发，解决好居民出行面对的现实问题，逐步改善微观交通状况。另外，居民对住宅内部隔音设施的重视，从侧面反映出目前相当一部分住宅楼由于建筑时间较早、工艺有限，内部隔音效果不佳。我们在调研中也发现很多居民对住宅楼隔音、邻里噪声问题存在看法。邻里噪声问题是影响邻里关系和谐的来源之一，应当得到足够重视；但住宅楼的隔声是建筑系统工程，国外技术是否能直接应用到北京，还需要市有关部门广泛听取专业技术人员的意见，逐步改善现有的居住环境。

二、尚未充分满足的城市管理产品和服务

从需求满足程度上看，表10-13显示，目前北京市居民感到比较不满意的城

市管理领域科技产品和服务包括：尽可能避免重复施工的道路施工技术；屋顶绿化的技术与设施；能预告公交车到站时间的电子公交站牌；根据道路流量智能调整的信号灯系统。

表 10-13　尚未满足居民需求的城市管理领域科技产品或服务

序号	产品或服务	样本/个	均值/分
1	尽可能避免重复施工的道路施工技术	339	2.613 1
2	屋顶绿化的技术与设施	339	2.643 9
3	能预告公交车到站时间的电子公交站牌	339	2.681 5
4	根据道路流量智能调整的信号灯系统	339	2.738 9
5	没有障碍、比较安全的自行车道和人行道	339	2.842 3
6	在道路和建筑工程旁，能增强隔音效果的材料和工艺	339	2.886 9
7	在住宅楼内部，能增强隔音效果的材料和工艺	339	2.896 1
⋮	⋮	⋮	⋮
15	路旁和公园中绿色植物的保养	339	3.163 2
16	城市公园绿地的恰当布局	339	3.249 3
	有效样本数	339	

值得注意的是，屋顶绿化技术与设施在居民科技需求满足度中排名第二位，也是前 7 位中唯一与交通或噪声问题无关的技术。北京历史悠久，内城区相当一部分居民区在开发建造时并没有按照最新的宜居标准留出绿化空间；随着人口密度的增长和居民收入与生活水平的提高，居民区人口和机动车越来越多，相应地也挤占了本该应用于绿化的区域。因此，考虑到城市空间面积和日益增长的人口的矛盾，合理应用屋顶绿化技术、开发屋顶空间，应当成为改善区域环境的重要手段。通过与技术专家的访谈我们也了解到，目前试点应用的屋顶绿化技术在稳定性上还存在一定缺陷，需要比较高的维护成本，存在屋顶渗漏等潜在问题。但结合国外其他大型城市的经验，屋顶绿化终将成为与城市人口密集区域状况相适应的主要绿化手段之一。有关部门可以通过现有的试点应用不断吸取经验，研究扩大屋顶绿化的应用范围，促进技术的应用。

三、城市管理领域产品与服务总体需求情况

综合考虑需求重要性和得到满足的程度，得出居民对城市管理领域民生科技产品服务的迫切度排序。包括：尽可能避免重复施工的道路施工技术；没有障碍、比较安全的自行车道和人行道；能预告公交车到站时间的电子公交站牌；根据道路流量智能调整的信号灯系统；在住宅楼内部，能增强隔音效果的材料和工艺；在道路和建筑工程旁，能增强隔音效果的材料和工艺（表 10-14）。可以集中地看到，居民对城市交通状况仍然有很多不满意的地方，在吸取居民意见后，有关部门可以考虑将交通问题这一复杂问题进行分解，从本研究列举的相关科技产品入手，逐步实施科技成果的应用示范和推广，协助改善整个区域的交通状况。

表 10 - 14 亟待发展的城市管理领域科技产品或服务

序号	产品或服务	样本/个	均值/分
1	尽可能避免重复施工的道路施工技术	339	1.357 1
2	没有障碍、比较安全的自行车道和人行道	339	1.303 6
3	能预告公交车到站时间的电子公交站牌	339	1.223 2
4	根据道路流量智能调整的信号灯系统	339	1.207 7
5	在住宅楼内部，能增强隔音效果的材料和工艺	339	1.059 3
6	在道路和建筑工程旁，能增强隔音效果的材料和工艺	339	1.026 8
⋮	⋮	⋮	⋮
14	商场、地铁站和旅游景点区域的高效安检技术	339	0.747 0
15	城市公园绿地的恰当布局	339	0.682 5
16	路旁和公园中绿色植物的保养	339	0.661 7
	有效样本数	339	

　　除交通问题外，噪声问题也是当前居民关注较多的领域。为此我们咨询了城市管理领域专门负责噪声控制的技术专家，专家表示，国外多年来一直很关注建筑的内部噪声控制问题，随着我国的发展，近年来建筑内部噪声控制也受到了越来越多的注意。目前，除隔声建筑材料和建筑工艺外，美国、日本的一些企业已针对改善现有住宅建筑隔声效果的设备开展了研发，并公开发布了实验性样机，这方面的研究也是城市噪声管理领域的焦点和重点问题之一。噪声问题已成为全球大城市的普遍问题，在这方面国外的研究水平领先于北京。相关管理部门应加强对噪声控制的重视，引入国外已应用成熟的产品，同时设立项目支持自主研发，多管齐下改善噪声污染。

第十一章　激发创新动能：典型民生科技产业案例分析

康复辅具是一种重要的民生科技产品与服务。随着居家养老理念的深化发展，在社区服务机构和家庭环境中对老年人的照顾已经成为北京养老工作体系的重要组成部分。多数老年人都患有一定程度的慢性疾病，往往会由于病程发展而逐渐形成功能障碍，或是在疾病急性发作的医疗阶段结束后出现部分功能的丧失，对于他们来说，在社区和家庭环境中的"康复"是弥补功能障碍、恢复丧失功能的重要环节。为了更好地完成这一康复过程、恢复自主生活能力，需要借助一些辅助器材，帮助用户弥补和提高失去的功能，这些辅助器材即为康复辅具。康复辅具在社区和家庭康复中的作用至关重要，一些时候，辅具甚至是唯一可以帮助用户弥补其失去功能的方式。在社区和家庭养老中使用康复辅具，能够显著地帮助社区老年人恢复和保持独立生活能力、提高他们的生活质量；合理、有效地使用康复辅具，也能够大幅度减少社区服务机构的工作量，提升工作效率，节约公共资源。本章以北京康复辅具产业为典型民生科技产业案例，对其发展现状、产业创新情况、挑战与问题进行分析。

第一节　北京康复辅具行业发展现状

北京残疾人口数量较多，辅具的另一类主要用户及老龄人群规模更呈现高速增长的趋势。从用户群的失能特点上看，北京与我国其他地区类似，主要以肢体残疾为主，这也影响着北京康复辅具行业研发、生产和市场活动的主攻方向。从研发与服务资源方面看，北京聚集着中央及地方的多种技术力量和专业资源，也形成了一些辅具研发与服务的核心机构，辅具相关工作比较活跃；但亟待探索如何将核心专业资源与社区需求相结合，扩大技术辐射面，特别是在基层辅具服务提供和应用性的辅具产品技术革新方面发挥专业资源的力量。从行业政策环境方面看，根据国家有关部门的文件精神，北京市利用财税类政策，如残疾人用品基本补贴、工伤保险等措施对辅具产品进行补贴，政策设计的主要方向是保障辅具的基本供给，但在辅具行业整体监督管理和行业科技创新活动促进等方面还存在一定空白；结合北京康复辅具行业的市场需求呈现出的高端化发展趋势，有必要在行业创新方面加强管理和协调，促进行业整体水平的提高。

一、北京康复辅具需求人群

存在功能缺陷的残疾人是辅具的传统用户，而老年病和慢性病导致部分失能、残障的老年人口规模迅速扩大，形成了对康复辅具新的需求群体。总体上，残疾人和老年人是北京目前对康复辅具需求最强烈的两类主要人群。

1. 残疾人规模现状与相关辅具供应

根据《中华人民共和国残疾人保障法》，残疾是指造成不能正常生活、工作和学习的身体上或精神上的功能缺陷，包括程度不同的肢体残缺、感知觉障碍、活动障碍、内脏器官功能不全、精神情绪和行为异常、智能缺陷等；残疾人是指生理功能、解剖结构，心理和精神状态异常或丧失，部分或全部失去以正常方式从事正常范围活动能力、在社会生活的某些领域中处于不利于发挥正常作用的人。

从全国范围看，截止到2011年，办理残疾人证的残疾人中有59%为肢体残疾，而肢体残疾人中有76.1%属于中轻度残疾。北京市的比重大致相仿：截止到2012年6月11日，北京市入库残疾人数量40.1万人，其中22.3万人为肢体残疾，占55.6%；全部残疾人中，中轻度残疾占63%。在受教育程度方面，北京市残疾人主要以初中文化程度为主，占36.5%；小学文化程度和高中文化程度残疾人各占约20%（中国残疾人联合会，2011）。根据现有的统计，残疾人的文化程度与残疾人对康复辅助器具的需求存在一定影响关系，如北京市某街道对区域内残疾人现状与康复需求进行了问卷调查，结果显示，大专及以上文化程度残疾人对辅具的需求程度高于小学与中学文化程度残疾者，受教育程度越高，对辅助用具需求越高，这可能与残疾人对康复知识认知、理解程度与接受康复服务的意愿高低有关。

在针对残疾人的辅助器具供应方面，我国目前的需求缺口还比较大。中国残联副理事长程凯在全国残疾人辅助器具"十一五"工作会议上介绍，按国际标准，辅助器具应有11大类和743支类，而我国目前只有200多类，在技术水平方面也存在差距。他指出，对辅助器具"并不是我国残疾人没有需求，而是我们不能提供"。

具体到北京市方面，目前需要配置辅具的残疾人规模较大，辅具配置情况与上海等其他较发达城市相比，在规模和种类上都相对偏少，需求缺口仍然比较明显。根据第二次全国残疾人抽样调查，全市认为辅助器具是最迫切的三项主要需求之一的残疾人占40.81%。而2012年，北京市残联相关服务机构供应的辅助器具仅有4936件，数量仅为天津的12%、上海的4%。此外，北京市接受辅具康复训练服务的残疾人数量也很少，2011年接受肢体残疾康复训练的残疾人仅有

6057 人。再有，北京市残疾人康复辅具服务机构的数量也远少于上海和天津（中国残疾人联合会，2012）。

2. 老年人规模现状与相关辅具供应

康复辅具的另一类主要用户是老年人和疾病人群。近年来，随着康复概念的发展、技术的进步和人民生活水平的提高，残疾人之外的辅具用户规模迅速扩大。中国康复研究中心赵辉三教授在第八届北京国际康复论坛上介绍，美国 2006 年统计全国有假肢矫形器用户 460 万，其中残疾人用户仅占 20% 。可见，传统意义上的"残疾人"在辅具用户群众整体所占比重越来越小，老年人和伤病人正在迅速成为辅具的主要用户。

进入 21 世纪后，北京市老年人数量增长很快，老龄人口规模迅速扩大。图 11 - 1 显示，截止到 2011 年年底，全市户籍总人口 1277.9 万人，其中，60 岁及以上户籍老年人口 247.9 万人，比上年增加 12.9 万人，占总人口的 19.4% ；80 岁及以上户籍老年人口 38.6 万人，比上年增加 3.5 万人，占总人口的 3% 。男性老年人口 119 万人，占 48% ，女性老年人口 128.9 万人，占 52% ；性别比（男女）为 92.3∶100。非农业老年人口 194.1 万人，占 78.3% ；农业老年人口 53.8 万人，占 21.7% （全国老龄工作委员会办公室等，2012）。

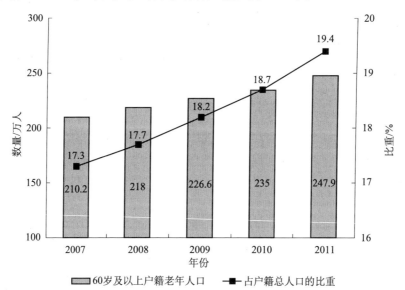

图 11 - 1　2007 ~ 2011 年北京户籍老年人口变化

资料来源：北京市老龄工作委员会办公室，北京市 2011 年老年人口信息和老龄事业发展状况报告

截止到 2012 年，北京 60 岁及以上户籍老年人口为 262.9 万，占户籍总人口的 20.3% 。据预测，2012 ~ 2020 年，北京常住老年人口比重的年增长率将保持在 2% 以上；户籍老年人口比重增长会更快，将达到 4% 。北京平均每天净增 400

多位老年人，每年净增 15 万人。此外，北京老人空巢化现象十分严重，2011 年统计纯老人家庭人口 45 万人，占老年人口的 18.2%；生活不能自理的老人约 13.6 万人，占老年人口 5.5%，养老问题形势不容乐观。

随着年龄的增长、身体机能的不断老化，失能老人的数量也在不断增加。根据调查，2010 年年末全国城乡部分失能和完全失能老年人约 3300 万人，占总体老年人口的 19.0%，其中完全失能老年人 1080 万人，占总体老年人口 6.23%（张恺悌，2011）。如果根据这一比重推算，2012 年北京失能老年人数已经达到 50 万人。同时，上述调查还统计出，全国城乡完全失能老年人中，84.3% 为轻度失能，中度和重度失能的比重分别为 5.1% 和 10.6%。其中轻度失能的老年人群，完全有可能通过辅具的应用实现较为独立的日常生活。

从对辅具的需求角度看，老年人群较其他年龄段人群发病率高，高龄、病残老年人口的迅速增长，个体老年人的养老需求内容日趋丰富和多样化，带来了老年产品和服务方面的巨大需求。2013 年 5 月，副市长张延昆指出，到 2020 年，北京老年消费市场规模将达到 1000 亿元，养老服务业发展潜力巨大。在现在及今后很长的时期内，我国老年人有着包括养老保障、医疗保健、养老服务、老年日常生活用品等诸多方面的需求。从城市工作方针上，北京将结合老年人的迫切需求，重点培育家庭养老和社区养老市场，有效解决社区空巢、独居、半自理、不能自理老人的养老问题。

从老年辅具的供应情况看，目前国家标准列出的老年人辅助器具产品有 700 多种，国内企业生产开发的还不足 300 种，大多数产品还没有开发和生产。老年产品和服务方面的市场缺口高达 5000 亿元。这种状况说明目前养老服务发展明显滞后，目前老年人需要的老年辅助器具现状的确很不尽如人意，老年人辅助器具的科研、生产和服务现状与广大老年人的需求还存在着相当大的差距。根据对 2003~2005 年老年市场需求的调查，目前康复服务的基础还不高，我国城镇老年人辅助器具配备率只有 10%，也就是说全国城镇的老年人能够得到辅助器具帮助的还不超过 10%（杨善华，贺常梅，2004）。

二、北京康复辅具服务机构

通过对统计数据的分析和实地调研可以看出，目前北京康复辅具服务机构呈现出明显特点。相对于其他部分发达省（直辖市），残联下属的发放基本辅具的服务站、服务点数量相对不足；但受惠于集中在北京的国家级辅具研究和管理机构，北京地区集中了辅具研发与服务的优势资源，拥有地方最大的辅具服务机构、全国唯一的康复专业三甲医院等。近年来，在"居家养老""社区养老"的工作方针带动下，医疗卫生领域也出现了个别以康复服务为工作重点的医疗机构，并提供一定程度的辅具服务。

1. 民政部门所属的康复辅具服务机构

整体上看，北京市的 16 个区县都已全部开展了社区康复服务，3118 个社区建了康复站，共 5956 个社区开展康复服务，比上年增长 11.3%，占全部社区的 92.1%。在基本的康复服务方面，北京完成情况相对较好。但在辅助器具供应方面，北京供应辅助器具件数和种类偏少，尤其是与全国工作开展最好的上海市、工作水平较高的长三角地区相比。例如，截至 2012 年，北京共有大型专业辅助器具供应服务机构 3 个，其中 2012 年新建 1 个；而天津则有 10 个（2012 年新增 4 个），上海有 12 个（2012 年新增 3 个）。在专业服务机构的建设方面，北京呈现明显滞后的态势，与需求人群规模不相适应。

尽管服务机构数量较少，但北京在残疾人康复和辅助器具提供方面，具备相对集中的优势技术力量。这主要体现在民政部门和残联所属的部分规模较大、研发技术力量雄厚、服务资源相对较丰富的服务机构均位于北京。除中国康复研究中心和国家康复辅具研究中心等以医疗、科研为主要工作目的的机构外，残联下属的各辅助器具资源中心也是重要的辅助器具服务机构。

例如，直属于北京市残疾人联合会的北京市残疾人辅助器具资源中心主要定位于为残疾人提供辅助器具咨询、汇集、发放和装配基本生活辅具的服务提供者，也具备一定的研发力量。据介绍，中心是目前我国规模最大、辅助器具种类最多、功能设置最全的省级辅助器具服务机构，能够提供的辅具产品达到万余件，涵盖了肢体、假肢矫形器、低视力、听力、言语及智力精神障碍相关辅助器具，并提供各类恢复功能的对外服务。在研发方面，中心与北京大学合作成立了"北京市智能康复工程技术研究中心"，开展"动态行走机理的大腿假肢"项目研发。

另外，直属于中国残疾人联合会的中国残疾人辅助器具中心也位于北京，中心具有组织产品开发、推广应用，知识宣传、技术培训、质量监督等多种职能，是全国残疾人辅助器具的资源、指导、服务中心。在研发方面，中心开展了残疾人辅助器具产品的开发、研制、生产和推广，自主开发了普及型下肢假肢、假肢成筒接受腔、普及型系列假肢专用设备，以及残疾人普遍需求、市场供应短缺的生活自助具、助视器等系列产品。在辅具服务方面，中心开展残疾人辅助器具的知识宣传、人员培训和信息咨询；在辅具行业人才培养方面，中心持续不断开展培训，为全国残联系统培训 400 余名假肢装配技师、450 余名康复训练指导员，并系统地培养辅助器具专业人员。在残联的辅具基本配置工作方面，中心通过实施合作项目和彩票公益金等项目，近几年来，为贫困残疾人减免费用安装小腿假肢 6 万例，大腿假肢 1 万例，矫形器 5 万例，免费发放轮椅、拐杖、助行器、生活自理等辅助器具近 40 万件。

2. 卫生部门所属的康复辅具服务机构

根据卫生部于 2010 年发布的《综合医院康复医学科建设与管理指南》，我国二级以上医院均应设置康复科，并应保证一定的医疗服务软硬件条件。目前，位于北京的 301 医院、积水潭医院、北医三院等医院均在康复医疗方面具备一定特色。但这些大医院由于自身定位和设施条件有限，承担的主要是失能患者的早期治疗工作，对患者后期康复的帮助有限。目前，在医疗卫生领域的机构中，主要以承担了国家及北京康复服务体系试点工作的北京市西城区展览路医院为代表，在康复服务方面积极开展工作，接收若干大医院有长期康复需求的患者。选择若干有条件的医院，增设康复服务中心，并采用外派人员、交流学习等方式在不占用过多医疗资源的情况下扩大社区服务范围，发挥医院的专业优势，提升社区基本康复和辅具服务的水平，应当成为卫生部门所属康复辅具服务机构的工作方向。

展览路医院康复科是北京市医改试点项目之一，分设门诊和病房，也是北京市唯一一家骨科康复中心。已有住院床位 35 张，现有医生、护士和康复治疗师 30 余人，其中 4 名康复治疗师具备海外培训背景。医院在康复方面的专长包括了骨科创伤、退行性疾病、神经疾病和烧伤康复等。在人才培养方面，医院与香港两所学院保持长期合作，定期进行针对作业治疗和物理治疗技术的继续教育，同时建立自主人才培养机制，有助于不断培育康复领域的专业医疗人才。

具体到康复辅具行业领域，展览路医院的定位主要仍是医疗服务机构，但医院与社区服务机构的链接网络构建，有助于社区相关康复服务工作站利用医院的专业医疗资源，为社区民众提供更好的辅具服务。根据区一级政府部门的布局，展览路医院与西城区各社区积极协作，在社区中心—社区站—居委会的三级网络中发挥专业咨询、指导、服务和技术提供的功能，在区内共建康复室和康复指导站，形成技术指导的业务网，借助社区的转介平台，开展不同层面的社区康复治疗中心和家庭的康复工作。

三、北京康复辅具市场情况

在对几种重点辅具的进出口及产值情况进行考察后可以看出，北京康复辅具市场正逐渐向高端化发展，需求规模在全国排名前列。

通过对我国医疗器械行业、我国与康复辅具有关的行业，以及北京市相关行业，在产值、进出口贸易量、主要进出口产品及贸易量的统计数据进行分析比较，在产值与贸易额方面，康复辅具有关行业近年呈现快速增长的态势，但与医疗器械行业整体相比，辅具行业出口额的增长偏缓。考虑到我国医疗器械行业出口产品有很大一部分是低端的一次性医疗用品，以及劳动密集型代工产品，高速的增长并不能完全代表行业综合实力的上升，这也可以从我国医疗器械行业的企业规模、企业资产的统计数据上看出。在辅具相关行业方面，北京市矫形骨科植入器具、助听器和非机械驱动残疾人用车等几个广义上的康复辅具行业贸易活动相对活跃，分析这几类行业进出口产品数量与平均金额的变化，可以看出北京康复辅具市场呈现高端化发展的趋势，这也与北京地区汇聚的辅具研究资源不无关系。

首先，从医疗器械行业整体情况上看，全球医疗器械贸易已经从 2006 年的 2571.13 亿美元提高到 2010 年 2576.22 亿美元，年复合增长率为 6.82%。特别是在健康医疗水平提高的情况下，世界各国对治老龄化疾病的认识不断提高，用于诊疗、监测与慢性疾病相关的器械需求大增，并进一步推动市场发展。具体到康复辅具行业，随着生活水平提高，人们的生活方式发生变化，糖尿病、肌肉骨骼疾病等患病人群增多，也随之增加了对各类康复辅具产品的需求。

我国医疗器械行业目前仍处于高端产品主要依赖进口，出口产品大多处于低端水平的状态，产品的技术含量和附加值相对偏低的局面。高端医疗器材市场中，65% ~70% 由跨国公司主导。从国内对医疗器械的需求角度看，一方面基础用品仍有缺口，另一方面高端产品国产缺口很大。根据中国医疗器械行业协会的统计，医疗器械行业急需推动企业提升研发积极性，在关键技术上取得突破，建立行业集群，争取打开高端产品市场，增强国际竞争力。2010 年经营医疗器械出口的 3.3 万家企业，只有 247 家出口额超过千万美元，其中合资、生产和外资企业各占 1/3。

具体到辅具行业层面，根据现有统计，康复辅具产品自"十五"以来，也保持着较高的增长率，但是略微落后于全国医疗器械的总体增长情况（表 11 - 1）。2005 年，康复用品占全国医疗器械出口产品的 28.78%；到 2010 年，占比缩减到 19.09%，减少了将近 10 个百分点。可以看出，在全国医疗器械行业出口额普遍上涨的情况下，康复用品出口额上涨趋缓，在国际市场竞争中逊于其他医疗器械产品。

表 11-1　全国"十一五"期间医疗器械出口产品增长速度及占比　　单位:%

产品	2005 年占医疗器械行业出口额比重	"十五"年均增长率	2010 年占医疗器械行业出口额比重	"十一五"年均增长率
康复用品	28.78	22.08	19.09	15.97

再看北京医疗器械行业整体与若干重点康复辅具行业的情况。受限于统计口径，无法对本章定义的假肢与矫形器行业在北京市层面上进行区域行业情况考察，因此本章摘选了几个属于康复辅具的行业，希望对辅具行业的发展趋势作出近似的估计。

从出口医疗器械情况看，2010 年全市出口医疗器械金额较前一年同比上升

30.57%，而出口产品数量同比则仅仅增加了4.36%，显示出口商品的平均价格正在上升，出口的医疗器械产品正在向高端化发展（表11-2和表11-3）。

表11-2　2011年北京几类康复辅具产品的进口指标

产品	进口数量/个	数量较前一年度同比趋势/%	进口金额/万美元	进口金额较前一年度同比趋势/%	进口金额占全国比重/%	进口金额在全国排名/位
矫形骨科植入器具	39 552	40.26	872.78	-3.05	5.84	2
助听器	2 250	38.38	6.92	62.27	0.15	5
非机械驱动残疾人用车	348	159.7	18.99	80.38	10.83	3

资料来源：中国医药保健品进出口和北京华通人商用信息有限公司.2012

表11-3　2011年北京几类康复辅具产品的出口指标

产品	出口数量/个	数量较前一年度同比趋势/%	出口金额/万美元	出口金额较前一年度同比趋势/%	出口金额占全国比重/%	出口金额在全国排名/位
矫形骨科植入器具	104 729	-3.07	328.34	13.04	3.61	6
助听器	3 800	-31.84	54.12	-10.17	0.22	3
非机械驱动残疾人用车	35 281	564.8	274.47	114	1.12	6

资料来源：中国医药保健品进出口和北京华通人商用信息有限公司.2012

分行业进行具体检视，可以看出北京在矫形骨科植入器具、助听器和非机械驱动残疾人用车等几个康复辅具行业中，在产品数量和金额上均处于出口大于入口的顺差状态。然而在发展趋势上，各行业存在一定的区别。比如，非机械驱动残疾人用车，2011年出口35 281辆，较2010年同比增长564.8%，在全国出口额排名前10的省（直辖市）中增长率最高；而矫形骨科植入器具尽管在出口商品数量上有所减少，但出口金额则较前一年增长13%，显示出北京在相关行业的产品也正在向高端化发展。而助听器行业则受到越来越多国外企业进入我国、代工生产性行业重心南移的影响，在出口数量和金额上均呈下降趋势。

北京康复辅具相关行业中，非机械驱动残疾人用车的进口贸易特点相对突出。2011年北京进口该类产品348辆，从产品数量上看排名全国第5位，且远远少于排名第4的江苏省，约为江苏省进口产品数的25%；但在产品进口金额上却排名全国第3位，总金额占全国的10%。可以推断，北京在非机械驱动残疾人用车行业中趋向于进口单价较高的高端产品。

对以上若干辅具行业的分析，尽管不能完全代表北京康复辅具行业整体面临的市场环境，但随着高龄化程度加剧，经济水平提升，居民对自费项目的付费意愿增加，持续使用高单价的创新产品，因此可以预测，北京康复辅具的需求市场、特别是中高端市场规模还将进一步扩大。

四、北京康复辅具政策环境

从政策方面看，卫生部、科技部、民政部等部门已经针对康复辅具行业的发展和科研创新的方向进行了一定规划性设计；而与之相匹配的支持措施则仍主要以残疾人基本用品为对象，采取财税手段加以扶持；在科技创新方面，还没有制定出专门面向辅具行业的推动政策。

目前，从国家到北京市各级政府，民政部门主要针对残疾人辅助器具的普及与服务，卫生及科技部门则针对康复辅具的尖端技术研发而进行相关政策的设计。政策手段上，现有提及康复辅具的政策主要包括整体规划类和财税支持类两种类型，规划类政策主要涉及康复辅具的重点技术与产品，并以财税政策为手段针对残疾人基本辅助器具规定了财税补贴办法。

1. 整体规划类政策

民政部于 2009 年发布了《全国民政科技中长期发展规划纲要（2009—2020年)》（简称《纲要》），其中明确提到加强康复辅具研究，是提高广大老年人、残疾人生活质量，提升社会福利整体水平的重要保障。《纲要》提出，康复辅具的发展，要以研究掌握康复辅具关键技术，研发推广适合广大老年人、残疾人需求的康复辅具产品为主要目标，实施一批重大基础和应用技术研究项目，推动建立"产、学、研、用"相结合的康复辅具创新体系。要优先进行康复辅具基本原理研究、人–机仿生研究、功能补偿辅具研究、康复训练辅具研究、康复辅具材料与专用设备研究、康复辅具质量检测研究、康复辅具临床应用研究、康复服务技术研究等 8 个方向的研究。

科技部、卫生部、国家食品药品监督管理局、国家中医药管理局、教育部、国家人口和计划生育委员会、中国科学院、中国社会科学院、国家自然科学基金委员会、解放军总后勤部卫生部等 10 个部委于 2011 年 10 月联合发布《医学科技发展"十二五"规划》，其中提到，要加强对老年人适用的康复辅具产品的研究与推广，研发便于操作使用的适于家庭或个人自我保健、功能康复和替代的医疗器械产品。

科技部 2011 年年底印发的《医疗器械科技产业"十二五"专项规划》中指出，在康复领域，围绕我国"人人享有康复"的需求，根据普惠化、智能化、个性化等发展趋势，研究结构替代、功能代偿、技能训练、环境改造等技术产品，积极发展肌电及神经控制等智能假肢、人工耳蜗等智能助行/助听/助视辅具，老年人行为功能训练系统，脑卒中病人及运动功能缺失病人的康复训练系统等产品，加快智能化、低成本的先进康复辅具的研发，提高康复设备普及率。

2. 财税支持类政策

目前，针对康复辅具的财税支持类政策，主要以残疾人辅助器具为补贴对象。

这也是由于我国残疾人规模较大、文化水平和生活水平相对较低，生活必备的辅具需求仍然没有得到很好地满足。总体上看，辅助器具服务是残疾人康复的一项重要内容，而且内涵非常丰富，伴随着社会经济的发展和科学技术的进步而不断深化，而针对辅助器具的财税补贴也随着人民生活水平的提高而逐渐扩大范围。

我国的辅助器具发展从20世纪90年代初纳入到中国残疾人事业国家规划，由于康复和辅助器具的配置没有纳入医疗保险范畴，中央财政从国家"九五"期间开始，对纳入供应计划的辅助器具给予了经费补贴（每件5元，共240万件，总计1200万元）。作为辅具产品不能免税的一种补偿，意在适当降低价格，让残疾人受益。

"十五"期间，中央财政增加了对辅助器具补贴经费的投入，2003～2005年，中央财政又从福利彩票公益金中投入专项资金6000万元，为全国残疾人免费配置轮椅、助听器、普及型假肢等各类辅助器具、康复训练器械，总计数量约34万件。从2004年1月开始实施的《工伤保险条例》，将部分康复和辅助器具的配置纳入其中，进一步规范了辅助器具配置、促进了康复服务和辅助器具配置由政府和保险买单。2010年，中国残疾人联合会制定并发布了《残疾人辅助器具基本配置目录》，列入补贴目录的假肢与矫形器产品19种、助行类产品5种、日常生活与护理类产品14种、视力残疾辅具7种、听力残疾辅具5种、电脑辅具5种、儿童残疾辅具7种，共列明65种残疾人基本需求辅助器具，要求各地残联积极争取政府的重视和支持，协调有关部门制定相关保障政策，按年度安排专项经费，对残疾人辅助器具基本配置给予补贴或费用减免，切实保障残疾人获得辅助器具服务。

从各级地方政府的角度，针对辅助器具的财税补贴力度投入也在逐年加大。以北京为例，市政府自2003年连续5年免费为困难残疾人发放小型辅助器具469 583件；"九五"以来，供应辅助器具582 860件，支持低视力手术1768例；为贫困残疾人安装假肢5051例。2010年，北京市残联、市财政局、市民政局联合发布《北京市残疾人辅助器具服务暂行办法》，其中规定：具有北京市户籍，持有残疾人证，年龄在16～60周岁的残疾人，可在北京市当年公布的《北京市残疾人辅助器具补贴目录》范围内，申请辅助器具购买补贴，补贴标准为实际辅助器具总额的30%，辅助器具单价在1万元以上的，实行定额补贴，每件补贴3000元，并配合发布了北京市残疾人辅助器具补贴基本目录，列明31种满足北京市残疾人基本生活需要的辅助器具。

另外，针对残疾人服务机构，特别是残疾人服务机构的辅具供应，北京对社会力量兴办（含公办民营）残疾人服务机构先后出台过多项补贴政策。例如，对收住残疾程度为一级、二级的视力、肢体残疾人，一级、二级、三级的智力和精神残疾人的社会福利机构，残联部门每人每月给予运营补贴300元。社会福利机构收住残疾人达到一定规模的，在购置康复器材时还能享受一定补贴，但最高不超过 30 万元。

整体上看，近两三年，康复辅具领域得到的关注日益加强，多个部门出台了相关政策。其中，科技部门主要引导辅具行业加快智能化、个性化；民政部门着重发展适合大众使用、特别是适合老年人使用的辅具产品。具体措施方面，各级残联负责为辅具行业提供经济性补贴，但补贴对象仅限于残疾人，补贴产品类型多为基本生活用具。随着康复辅具这一概念的边界不断延展，种类不断增加，功能、用途和面向用户的急剧复杂化，我国在康复辅具领域的法律法规体系还不够完善，特别是在经济补贴的方向、对象和力度等方面，应当根据行业的发展趋势进行深入设计。

随着北京越来越重视老龄化相关工作，相关部门也开展了将残疾人与老年人对辅助器具的需求进行综合考虑和统一部署的尝试，民政部门与残联、老龄办协作推进老年人辅具开发与推广工作，已经取得了一定成效。特别是在广义的老年人用品领域，"小帮手"电子服务器的配备和使用是近年来一项效果较为突出的工作。该项工作在多部门共同发文的推动下，制定出了行之有效的落实措施，采取政府补贴、企业资助、个人出资的方式，有计划地向具有北京市户籍、有使用需求并具备使用能力的 65 周岁以上老年人和 16～64 周岁重度残疾人配备使用一种名为"小帮手"的通信辅助器具，推广规模较大，是老年人用品推广示范的一次成功尝试，也为北京市康复辅具行业政策的设计与落实提供了可贵参考。若能将特定老年人用品推广应用的工作经验拓展到康复辅具领域中，进而将针对某一类特定辅具产品的统一部署逐渐扩散，逐步形成针对康复辅具整体的规划和管理，也将填补北京市目前康复辅具领域操作性政策的空白。

第二节　北京康复辅具行业创新面临的挑战与问题

康复辅具行业传统上主要由民政部门负责，其工作重点多以贫困人群为对象，旨在通过简单辅具的制作和补贴发放，满足这类人群的基本生活需要。因此，从行业整体上看，北京市当前的辅具工作重点仍以扩大辅具补贴及保险范围、健全扩充基本辅具服务机构等任务为主。在行业科技创新方面，行业研发主体主要集中在少数研发机构、医院及高校；一些外资企业也进行着独立的研发，但由于这些外资企业的研发活动往往并非在北京地区范围内开展，所以不作为北京辅具行业科技创新活动的一部分进行考察。

自卫生部发布有关康复医疗的规划性文件以来，对康复辅具的科技投入近年来逐步增大。目前北京辅具行业的科技资源投入，主要是以科技项目的形式，投向专门的辅具研究服务机构与部分高校院所，投入方向大多集中在国际公认的技术难点上。这类研究活动的周期较长、实现技术突破的难度大，因此从目前来看，以科技奖励形式取得的成果产出相对有限。行业的科技产出更多地反映在专利授权、特别是实用新型专利授权数的迅速扩大上。不过与医疗器械行业总体相比，辅具行业的专利授权数增长速度慢于行业平均水平，因此还需要探索改革投入的方向和手段，研究促进科技成果产出的措施，以便进一步提升北京辅具行业科技创新水平。同时，尽管有关部门对康复辅具的重视程度不断升高，但值得注意的是北京市至今仍缺乏辅具行业性的政策，特别是在诸多扶持和引导创新的政策中也没有根据辅具行业科技活动的特点，专门安排辅助措施。从市场创新情况看，目前北京辅具企业呈现出外资占领中高端市场的态势，内资企业多为小型企业，主要从事生产、代销的局面，来自企业的创新活动较不活跃。从创新人才角度，行业科研人才的培养也远远无法满足行业科技创新的需要。

根据前期对北京康复辅具行业整体情况和创新状况的了解，我们走访了中国康复研究中心及其下设的中国康复工程研究所、中国人民解放军总医院康复医学中心、国家康复辅具研究中心及与其存在合作关系的北京精博现代假肢矫形器技术有限公司，分别作为北京康复辅具行业服务机构、生产机构、医疗机构、研究机构和企业的代表，了解这些机构组织的工作情况和面临的问题，并通过咨询技术领域专家对北京康复辅具行业科技创新的方向进行了了解和分析。本次调研中所发现的康复辅具行业科技创新中存在的问题，既包括在科技创新大环境下存在的共性问题，如企业创新能力低、科技成果转化障碍、科技管理僵化等，也有反映辅具行业特点的个性问题。

一、共性问题

1. 企业创新意愿和能力较弱

在调研中发现，目前多数国内企业满足于代工、分销，进行真正有创新性的自主研发意愿不强，用于研发的人员与经费投入较少，产出的少量创新成果主要是简单的产品形态改进或商业模式创新，企业创新活力不足，尚未成为行业创新的主体。这种情况带来的影响是，由于技术垄断、关税及其他问题，产品价格偏高，康复辅具高端市场主要被国外厂家垄断；而低端普及型产品市场中则有众多国内企业参与，仍以吸引外资进驻设厂、劳动密集的组装生产为主，处于低价竞争状态。这主要由以下几个原因造成。

（1）行业市场受到国外企业垄断，我国企业进入新市场面临很大挑战，企业创新意愿不强。国外大型企业早在20世纪八九十年代就已经进入内地，在发达城市设立办事处并与国内企业签约成为技术提供与产品生产的合作伙伴，一方面垄断了技术，另一方面占领了高端市场。这些企业在相关辅具领域从业时间很长，资金基础和研发技术力量雄厚，产品技术优势大，已经对需要多学科、长时间开发的高端产品形成了垄断。同时，仍然存在相当规模的低端辅具需求，这部分市场能够满足小型生产型企业的生存需要，市场没有为企业创新提供动力。

（2）行业核心技术的研发周期长、投入资源大、对稳定性要求高，企业创新能力有限。现代康复辅具技术已经完全脱离了传统手工业作坊式的经营模式，形成了分工明确的行业体系和多学科交叉的综合技术体系。以假肢和矫形器行业为例，目前领域尖端产品所需的技术已经远远超越了传统上单一学科的范畴，需要众多传统产业的技术支持。与发达国家相比，我国在电子、机械、材料等学科领域的发展水平相对落后，限制了企业能够获得的技术资源，在研发资源整合方面的障碍也非这些企业自身所能解决。

2. 科技成果转化应用有障碍

辅具行业科技成果转化的问题主要体现在机理研究、样机制造、工业设计、临床试验、生产制造和市场流通之间存在断裂。一方面在以科研项目形式为主的行业主要科研活动中缺乏企业的参与，另一方面在成果转化链条的中间环节仍有空白，即研发机构只承担机理研究，而企业主要从事生产甚至销售，辅具产品需要的长周期临床测试没有得到相应关注，这又进一步影响了成果真正实现应用和转化。

目前辅具行业的科技项目基本由几家研究机构主导，配合高校院所的参与，合作主要通过机构间点对点的形式完成，而企业（特别是国内企业）参与这类研究的工作相对较少，除几家与重点研究机构有归属或依附关系的企业外（如与国家康复辅具研究中心过去存在组织归属关系的 3 家企业），在京辅具企业很难参与进大型科研项目工作中。同时，项目完成后产生的研究结果也很少面向行业企业公开，不为企业所知。行业主体间关系松散，妨碍了成果研发、应用和推广环节的衔接。

康复辅具行业与医疗器械行业较接近，属于直接装配在人体上的产品，对稳定性、可靠性和安全性的要求极高。因此，辅具产品在实验样机到真正投放市场之间，必须进行相当长时间的临床试验。通过临床试验和后期工业生产阶段的调整，对辅具产品进行持续性的改造和技术上的改进，才有可能真正将产品投放市场、实现科研成果的转化应用。但是，现有的辅具科技项目多数仅支持到辅具的基本原理研究完成，也就是对技术可能性的探索阶段完毕，而后项目就告结束；原始科研成果出现后，对各种涉及临床测试、工业制造等的问题都缺乏后续关注。

3. 科技项目经费管理较僵化

北京辅具行业的科技创新活动还主要是在政府主导下通过科技项目的方式进

行。因此，当前普遍存在于科研项目经费管理中的问题，也同样突出影响着辅具行业科技项目的进行，妨碍了辅具行业整体科技创新活动的开展。

（1）科技项目成本中对人工成本的补偿不足，人员费比例过低。人工成本补偿不足使在职研究人员无法获得与投入时间相应的报酬，由此导致研究时间无法保证。从近期看，对科研成本的补偿不足直接影响项目完成质量；从长期看，最终影响的是辅具研究机构的创新能力。

（2）科技项目经费管理的环节设置过于死板。一方面，预算编制规定过细，没有考虑到科学探索的不确定性；另一方面，过分强调预算的执行力，规定过死，使得科学研究的进程受到非科学因素的人为干扰，影响了项目研发的效果。辅具行业科技创新活动属于工程类研究，需要进行大量临床试验，而探索阶段的临床试验必然既存在成功的可能性，也存在失败的可能性，不可能事先对试验的时间长度、使用试验品的数量甚至试验的次数等作出极为精确的预计。现在科技项目经费管理中要求研究人员在项目还未进行时就编制出严格精确的预算，在现实层面是难以实现的，也就难免导致在项目进行中出现一些环节经费冗余、另一些必要的环节却缺乏经费支持的情况。另外，随着研究推进，可能会出现超越当初设想的新情况、发现新的技术研究点，但根据目前的项目经费管理办法，研究人员无法在原定研究内容之外进行任何新的探索；而科技项目管理办法又对科研人员承担项目的数量进行了限制，很多时候研究人员只能在项目完成后重新申请新的科技项目，延误了创新时机，影响了科技创新活动的效果。

二、个性问题

随着近年来"预防—医疗—康复"三级体系的逐步成熟和居家康复、社区养老等理念的发展，慢慢形成了康复辅具的概念，而对辅具行业范围和内容的认知仍在发展当中。目前北京康复辅具行业的发展还处在初期阶段，管理部门重视程度有限，研发基础相对较差，研发布局零散，创新水平也比较落后。

1. 行业创新投入明显不足

目前辅具行业在政府科技经费和企业研发投入两个方面均存在投入总额不足的情况。

从政府投入角度看，康复辅具作为一种典型的民生科技，其成长需要政府的密切关注和引导；但在近几年国家和各地的民生科技相关文件、科技"十二五"规划中，却很少将康复辅具作为民生科技的一项发展重点，存在政府科技投入缺位、不到位的现象。北京市尽管在 2013 年 7 月发布的《北京市科技惠民计划管理办法（试行）》中提到了康复辅具，但也仅指体育运动康复器材，而对更符合北京老年人生活状态和需要的生活类、助行类辅具的关注不足。

康复辅具的研发需要聚合多领域、多学科的技术力量，研发周期较长，对可靠性要求高，需要相当大的资金、人力、时间成本，现有的政府科技投入显然还无法满足科研需要。例如，中国康复研究中心等重要在京辅具研究机构的研发经费几乎完全来自科技部、财政部等部门的科技项目投入。但是，由于康复辅具属于新兴交叉学科，无法被完全归入现有的生物医药、新材料等领域之中，在申报国家重大科技项目时存在"先天"不利。若希望申报各部门主管的行业性科技项目，按照各行业领域的范围划分，康复辅具的范围宽广、种类极多，仅有极小部分广义上的辅具能够纳入医疗器械的范畴，可以申报医疗器械领域的项目，但在医疗器械行业中辅具所占比重又过于微小；而更多辅具则很难被归到统一的管理部门之下，分布过于零散，在项目投入方面各部门各行其是，缺乏统筹规划，往往忽略了辅具创新的需要，造成投入不足。检视"863"项目、"973"项目、国家科技支撑计划项目及其他部委的科技专项，仅有寥寥几个康复辅具大型科研项目；在医疗器械、生物医药等相关领域中，康复辅具类的科研项目数量很少，比例极低，远远不能与行业整体规模相适应。

要带动辅具行业整体的发展和创新水平的提高，不能仅仅只依靠政府的经费直接投入。发挥市场的作用，激发出潜在的市场需求，使更多国内企业加入到辅具行业中来，也可以有效刺激行业发展。但是，目前多数国内在京企业满足于代工、分销，进行真正有创新性的自主研发意愿不强，用于研发的人员与经费投入较少，产出的少量创新成果主要是简单的产品形态改进或商业模式创新，企业创新活力不足，尚未成为行业创新的主体。从企业投入角度看，目前医疗器械行业整体的企业科研投入处于较低水平，有研发机构的企业数不足总数的4%。其中，位于北京的康复辅具行业企业在科研投入方面表现得更为薄弱，北京4家被认定为国家或省（直辖市）级企业研究中心的医疗器械相关企业中，没有一家从事与辅具相关的工作。对北京康复辅具行业重点领域的企业信息进行整体分析后发现，国内辅具企业从事代工、制造、生产和分销的较多，部分企业完全不开展研发活动；而多数国内辅具企业规模相对较小，也限制了他们用于研发活动的投入经费数额。

2. 行业研究领域尚显狭窄

与国外康复辅具的范围和内容相比，国内的辅具研究领域覆盖面较小。具体地说，现行国家康复辅具标准是直接从康复辅具国际标准衍生而来的，在标准规定的135个次类、741个支类中，国内能够实际接触到的种类仅占20%左右，无论研发活动、生产还是市场销售，康复辅具种类领域都极为有限。这种对辅具多样性的忽视主要还是由于目前没有一个统一的部门完整地负起全部辅具的管理责任。本章最初已经提到，随着技术的发展，辅具种类之多、产品应用之广，已远远超越了假肢、轮椅、矫形器这几个类别。但由于在我国传统的部门管辖体制中辅具归口民政部门管理，最受重视的还是提供最基本生活保障的传统辅具产品，而对新产品关注不足。更不用说，我国康复辅具领域各类行业联盟和协会、研发与服务机构从历史沿革上看多与假肢、轮椅和矫形器等产品有着千丝万缕的联系。以中国康复器具协会为例，目前中国康复器具协会已经拥有包括研究机构、医疗机构、服务机构和企业等不同性质的 2000 余家参与机构，但是由于该协会的前身是 1986 年在民政部指导下建立的中国假肢矫形器协会，所以尽管协会在概念和名称上已经扩展到了整个康复器具领域，但实际上参与协会的依然大多是假肢矫形器领域的企业和机构。

目前，既有的辅具管理机构、行业协会和研究机构正在逐渐将原有的假肢、矫形器和轮椅车三大类产品的研发内容向其他辅具领域扩散，但由于机构传统职能和研究基础积累的影响，要将研究领域逐步扩大还需要一定时间。另外，辅具科技项目支持的重点仍集中于少数主流产品，这也是由于康复辅具作为一个行业在整体上还没有得到管理部门的足够关注，所以在科技项目设置中，仅有的若干辅具项目重点集中于少数主流产品上，更多隶属于康复辅具行业的领域得不到关注和投入，还处在研发空白状态。

3. 行业研发活动相对零散

康复辅具的行业研发活动零散，主要体现在研发技术力量零散和研发行为与成果分散两个方面。

（1）辅具行业的研发技术力量零散。位于北京的几家国家级辅具机构都具备较高的科研水平和辅具配置技术，也能够保证一定的人力、物力对辅具科研进行持续性投入。但是，经历了 20 世纪 90 年代以来的多次机构改革后，很多国有假肢厂和相关事业单位纷纷改组为自负盈亏的企业，为保证生存，必须考虑到企业盈利问题，造成的结果是，大量原先属于国有的辅具生产机构将短期投入与产出不成比例的研发部门不断压缩、乃至最终取消，原有民政系统内的辅具研发体系被破坏，使得辅具行业的研发技术力量渐趋零散。目前来看，少数几家国家级的大型机构具有比较充足的研究资源和人力，也具备相当的研究水平；但地方对辅具行业缺乏相应的科技项目经费、人力、设施投入，对辅具研发的支持力度不足，导致基层机构与企业的研发实力微小，自主创新不活跃，即使产生了创新成果，也难以将突破点串联成面，更无法谈到带动整个行业的科技创新。

（2）辅具行业的研发行为和成果不成体系。从行业技术创新活动的整体机制上看，辅具行业重大技术创新需要持续不断的努力和长期的积累，但现有研究活动主要由几个重点研究机构和服务机构承担，其投入依赖于政府的科技项目，这类项目的来源不稳定、数量较少，项目完成后研究活动即告终止。因此，虽然在一些重点领域，国内机构的研究成果已经具备了国际先进水平，但这些研究基本停留在单个技术点的层面，缺乏集成研究，创新活动没有形成技术体系性的突破。

4. 行业创新水平比较落后

尽管部分在京国家机构和高校在辅具行业的焦点技术领域进行着持续研究，近几年也产生了一些应用类的技术突破成果，但从原始创新的角度看，北京康复辅具行业整体的科技创新水平还比较落后。主要表现在，行业科技活动缺乏革命性的突破，没有出现能够引领市场、填补市场需求空白的技术创新；即使是集中了行业最尖端技术力量的国家级机构，在科技创新方面也仍缺少对辅具原理机理研究的原发性创新。例如，中国康复研究中心在下肢假肢，特别是高位假肢的产品开发与配置方面，近年来取得了国际瞩目的成就，完成了如"篮球女孩"双腿髋关节离断假肢的成功案例；但由于机构职能定位限制，中心的研发活动主要集中在更能够直接满足用户需要的辅具产品的适配上，也就是辅具行业科技创新过程的后端（应用端）。在科学原理和机理方面的研究相对不足，导致我国的辅具行业创新主体始终处于模仿和追赶状态，缺乏能够革命性地填充市场空白的创新产品。

第三节 围绕民生行业特点，激发创新动能的思路与建议

针对目前阻碍北京辅具行业科技创新的诸多问题，从行业发展的角度，应当首先树立以人为本的价值观，调整公共资源投入的方向；从辅具用户和辅具企业两个方向投入资源、设计措施，一方面积极促进消费，以需求扩大带动创新，另一方面强化对创新主体的补贴和激励，加快行业整体创新规模的扩大和创新水平的提高。

一、树立以人为本价值观，调整公共资源分配倾向

康复辅具是一部分社会弱势群体不可或缺的生活用品，忽视康复辅具行业，就是忽视这部分弱势群体的基本生活需要。因此，当现有的创新主体和行业市场没有能力激发整个行业的创新活力以满足用户的需要时，政府需要投入资源、引导行业创新发展。这是政府肩负的公共服务和市场调控的职责要求，也是践行以人为本价值观的必然选择。

康复辅具是服务于残疾人、老年人、伤病人等弱势群体，帮助他们进行正常

生活、恢复他们参与社会能力的产品和技术，对很大一部分残障人群而言，辅具甚至是这些人恢复生活能力、回归社会的唯一途径。在这种意义上，辅具行业具备明显的公益性色彩。要让失能人群共享社会经济、科技与文化发展的成果，逐步摆脱由于身体障碍而带来的弱势地位，就要通过全社会的共同关怀和积极的公共资源投入，加快康复辅具行业的发展和科技创新水平的提高，使行业创新成果能够惠及一般用户。

此外，康复辅具并不仅仅是为了帮助已经完全丧失功能的人群进行生活，更是整个康复过程、乃至整个医疗过程的一部分，通过辅具的使用，能够减轻、减缓长期失能的程度和速度，延长"健康寿命"，增强用户的自立性，从长远来看会降低他们的生活成本，帮助他们在全社会的发展中作出更大贡献，也能够节约大量用于照看失能人群的资源。从这个角度看，康复辅具的开发和使用，是造福社会的举措，带来的好处远远超过对辅具直接用户的帮助和支持。投入公共资源支持康复辅具行业的发展，也是政府公共服务的职责所在。

当前，政府面临职能转变的关键节点，绝不能只重视经济发展而忽视社会民生，绝不能只重视能够带来高额税收的产业而忽视用户群较小但对弱势群体而言不可或缺的行业，绝不能空谈国际领先的实验室技术成就而忽视了技术的应用对民众能够起到的实际作用。康复辅具行业的规模还比较小，创新还比较不活跃，创新主体实力较弱，成果转化途径尚不通畅，单靠市场的力量很难快速带动辅具行业的创新水平提高，也难以满足弱势群体的需要。因此，政府必须发挥调控者的作用，以财政、税收、人才、社会保险等政策为桥梁，在公共资源投入上对辅具行业进行一定倾斜，在市场活动的空白地带作好"补位"，并逐步引导行业市场进入良性发展的态势。

二、经济补贴与公共服务并行，刺激消费带动生产

在公共资源投入倾斜的方针指引下，政府应从需求端投入经费、建设公共设施机构、采取各类激励措施，促进辅具行业科技创新活力的提高和水平的提升。

在需求端，一方面，政府应以社会保险为手段，对居民购买辅具进行经济补贴，扩大辅具消费，特别是扩大有一定技术含量的辅具的消费，从而刺激辅具行业的科技创新；另一方面，应在社区养老等公共服务机构中更多地使用康复辅具，提高辅具的居民认知度。

首先，应当全面将康复辅具产品纳入医保和工伤保险范畴，有条件时，可为康复辅具产品单独设置一类保障老年康复和生活的公共保险。康复辅具纳入医保，将激发残障群体对辅具的需求，从而推动辅具产品的生产和销售。特别是对于成本小、技术含量相对较低、制作过程简单的小型康复辅具，可能在很短的时

间内其需求量会有爆炸性的增长，有了量产就可以促进质量的提高。同时，应选择一些对日常生活帮助很大的中端辅具产品，通过社会保险进行购买补贴，刺激中端辅具消费市场的扩大，从消费和需求端促使辅具行业企业加强对科技创新活动的重视，通过提高产品科技含量的方式在市场竞争中获利。

其次，应当配合全市社区养老、社区康复等基层服务机构的建设，引入种类更多的康复辅具供社区居民使用，并逐步培养和招聘一批辅具服务人员加入社区公共服务机构。将辅具的推广应用与北京市正在积极开展的社区养老工作相结合，在公共服务机构中免费或低价提供康复辅具，配合专业人员的介绍和辅助使用，能够有效提高一般居民对辅具的认知，同时完善社区养老医疗服务，使残障人在从医疗到康复的全过程中都得到良好的照看。

三、实现共性技术福利供给，促进企业自主创新

为了促进辅具企业的创新积极性，政府应充分发挥协调者的作用，以行业共性技术开放、财税、科技奖励等多种手段，激励和扶持企业进行自主创新。具体地说，就是要将行业共性技术研究成果以补贴和优惠的方式开放地提供给企业；要设计激励措施，通过对企业创新行为的鼓励，逐渐提升行业整体的创新水平。

（1）政府主导研发行业共性技术。康复辅具行业本身具有一定的公益价值导向，涉及诸多学科，这些学科的知识对于企业而言是高度差异化的，不能在企业之间自动自发地扩散，企业必须在发展过程中通过不断学习和积累加以吸收。考虑到目前北京辅具行业企业普遍处于产业链低端，现有的技术实力、资金和人员条件都相对较弱，而国外企业已经形成了市场垄断，完全依靠市场，难以迅速提升我国辅具企业的技术水平，有效供给行业技术。为了普遍提升辅具行业的科技创新水平、提高产品质量、提升辅具用户的生活体验，满足他们的基本生活需要，有必要由政府投资和购买一部分行业共性技术研究成果，并作为福利性的公共技术，向国内辅具企业开放提供；有必要通过技术交易合同补贴等手段，帮助企业更容易地获得行业技术创新成果，增强行业技术转移活力。

（2）多方面设计激励措施，促进企业自主创新。目前北京辅具行业企业不愿过多参与行业创新，除本身技术实力极为有限，无力与处于垄断地位的国外企业竞争这一原因外，还有一项重要原因是企业依靠代工、生产和代销等活动已经能够在市场中生存，而创新所需成本太高，企业认为从事创新的投入与产出不成比例。因此，为促进企业的自主创新，应有针对性地加强对辅具企业科研投入的财税补贴，采取普遍性优惠措施，落实辅具企业的研发费用扣除，推进技术交易税收减免；应积极吸收辅具企业进入高新技术园区、高新技术企业孵化器，帮助企业享受相关优惠待遇；对承担政府科技项目的辅具企业，应在购买设备、引进

人才时给予优惠；应引导扩大辅具企业的资金来源，支持风险投资资金投向科技型辅具企业；在科技奖项设置方面，应有意识地倾向康复辅具行业，对获奖团队、人员和所在企业进行物质奖励和后续项目支持。总之，应当在人、财、物、科技项目等多方面加大对辅具企业创新的补贴和投入，吸引研发人员和企业加入到辅具行业的创新竞争中来，带动行业规模的扩大，逐步提升行业创新水平。

第五篇　启示和思考

第十二章　民生科技价值观影响下的创新活动、组织与系统

一、民生科技是创新服务于生活的价值表达

在早期研究中，研究者多通过定义分解的方式将民生科技解释为改善民生的科学技术，或试图将民生科技与其他已经存在的科技类别进行拆分，判断"哪些不是民生科技"，从而推论出"民生科技是什么"。政府科技管理实践（特别是项目管理实践）中为了简化操作、定义范围，通常以列举的方式描绘民生科技的内容和边界。以上三种做法在理论探索上都难以认为是成功的，尽管它们极大地帮助人们明晰了对民生科技工作的理解，并使现实科技管理和统计工作能够开展。

我们对民生科技进行了区域层面、产业层面、民众需求层面的宏观微观研究和理论探讨后，认为民生科技是一种无关公益性和私有属性的、参与主体和涉及技术领域复杂的、跨创新链环节的创新活动。它不是"民生"和"科技"的简单叠加，更不是又一种简单的技术领域分类方式，而是一种新的价值观。过去根深蒂固的实验室边界、学科边界、创新组织边界、创新活动边界在民生科技的时代都在消融，创新的模式在民生科技的影响下发生了根本变化。民生科技带来了以草根创新为代表的人本创新，逐步取代了技术指向的创新，颠覆了传统上对科技、对研究、对企业创新的分类，科技理论研究、管理和评价方式也随之改变。

在价值观层面，民生科技是一种应用导向的科技哲学，明确了从基础研究到市场活动等创新活动的核心目的。也即，创新由生产范式向服务范式嬗变，以生产为中心的创新模式向以人为本的创新模式转变。未来的创新是民生科技的创新，一切创新从根本上说都趋向于以改善民生为目标；随着信息技术和智能制造技术的全面扩散，创新将更为重视民众的个性化需要，民生科技要解决的问题不再是由管理者和技术提供方预设的主题，而将具体到每一个民众所面对的具体问题。无论企业还是科研院所，创新活动的逻辑都将转变为问题导向、需求导向式的，强调公众参与，倡导利用各种技术手段，让知识进行创新、共享和扩散。民生科技是科技创新服务于生活的价值表达。

二、民生科技导致了创新活动环节与领域的交叉融合

如前所述，民生需求成为创新全链条的目标，即围绕一个应用性的核心目标开展有系统的创新活动。而民生问题并非一成不变，民生科技语境下的创新除直接处理产品生产需要的技术开发活动外，也需要组织基础性研究活动以回答那些使产品端创新无法实现的基础性科学问题，还应恰当规划具有前瞻性的、指向未来的创新活动。从宏观上看，创新活动的性质变得前所未有地复杂，甚至不能再用简单的"基础研究""应用研究"或"社会发展领域技术创新""高新技术领域技术创新"进行分类。大量过去认为是"基础性的"研究领域，在信息技术等新技术的带动下同产品和服务端的距离缩短，应用中发现的研究问题又反过来带动了基础研究的突破。在民生科技影响下，技术转移梯度差缩小、商业模式创新重要性提升，这就进一步推动用户成为了重要的创新主体，技术的融合与发展，以及科技创新的复杂涌现特性为大众创新、开放创新、共同创新及科技创新体系的构建提供了新的机遇，创新呈现个性化和分散化的趋势，这种跨创新链环节、跨学科领域的交叉融合已成为当代创新活动的重要特征。

三、民生科技引发了新型创新组织模式的出现和扩散

技术创新价值链正在从垂直一体化向模块化演变，创新活动的"环节"逐渐演变为"模块"。创新系统中的不同主体担任的角色出现了交叉，无论企业还是科研机构，很难把自身的定位继续完全限制为"从事基础研究、提供科学知识的机构"或是"负责技术创新、产品生产和推广的组织"，这对各类组织提出了新的挑战，即在一个模块化创新、以应用为导向的创新系统中，如何发挥自身优势、重塑在系统中的定位。例如，产业共性技术研发组织、应用性科研机构、企业研发中心等新型组织的出现，表面上看其动机可能是非常直接的，或是希望在某一领域进行前沿探索，或围绕某一类型的产品开展研发，甚至可能是两个合作机构间有条件架设信息平台，因此利用平台进行尝试性的合作；但从技术创新发展历程的角度看，这些新型组织模式在全球各地纷纷涌现并且不断发展，代表着一种宏观发展趋势。这种趋势受到民生科技的影响，由不同主体重新寻找创新系统中自身定位的冲动所引发，也得益于现代信息技术等新技术为其创造的条件。新型创新组织模式的出现和扩散，同现代创新的发展趋势一致，也是民生科技带来的新变化。

四、民生科技促进了创新生态系统的生长发育

首先，民生科技以民生问题为出发点，而民生问题的表达方式同技术与学科的分类方式完全不同，从智能手机的开发到生产更安全的轮胎，都需要多学科领域、多行业的协作，同时也需要机理性研究和生产开发相结合，通过不断的实验和生产为机理研究提供更多证据。因此，为完成这种产品技术的突破，需要不同领域、不同性质的创新主体共同开展创新活动。由于在民生科技环境中，创新主体的目标一致，即解决民生问题，而民生问题的解决也会为这些组织提供正向的反馈，所以它们自然会形成相对和谐的生态关系，充分发挥自身的优势资源，在系统内部实现开放交流，促进创新生态系统发育。

其次，随着全球创新、互联创新、协同创新的常态化，现代的创新，特别是技术创新，几乎已经不可能是个别人或企业的独立行为，不可能脱离创新网络和创新系统而存在。创新主体空前社会化，创新不再是科研人员和科研院所的专利，而已真正走向了社会。这些鲜活的创新源自创客，随着技术上满足了线上、线下结合和跨时空链接的要求而迅速扩散。创新方式的变革、创新主体的变化，使得技术转移的梯度差进一步缩小，为了获得市场成功、满足用户需求，创新成果同其他技术、非技术因素的互动关系变得愈发重要。本书认为，创新系统中互动生态因素的活跃是民生科技带来的重要变化。如第一章所述，民生科技视角下的创新，无论在创新研究层面还是在产业实践层面，都更加依赖于创新系统内主体间的创新生态，使得系统内各成员自动自发地形成了灵活互动的交流关系。为实现技术的市场化应用，技术与非技术因素、与系统内其他因素的互动生态重要性日益上升。在民生科技语境下，不同创新主体所主要从事的创新活动边界趋向融合，目标更是趋向一致，"创新系统"不断向"创新生态系统"演变。

第十三章　民生科技提出的新挑战

一、对政府的关键挑战：从"给政策"到"给空间"

民生科技首先是由政府提出的一种政策导向性的概念，却在实际执行中慢慢被弱化了本意，变成了又一种单纯的项目分类方式。纵观近年与之相关的政策文件、管理办法乃至各省（直辖市）科技工作总结，"民生科技"名词出现的频率不低，或作为宣传性的口号，或直接落到具体产品和技术领域上，中观层面的意思反而变得模糊了。结合本书对民生科技本质的讨论、对民生科技行业的剖析，以及在民生科技语境下创新与创新生态系统变化趋势的判断，我们认为，民生科技对现有政府管理体制提出的关键挑战是，从"给政策"到"给空间"，彻底扭转目前科技项目管理的思路，改革各项制度和组织管理模式，改为在宏观层面进行结构性控制，由企业主导进行各项创新和市场活动，在信息技术手段的帮助下保护（而非推动）创新生态系统的内生发育。

可以推断，民生领域行业企业所生产的产品是有助于满足民众实际需要的，也具有或多或少的市场需求（无论产品直接由民众购买还是由公共服务提供者购买），大多数民生行业是适宜通过市场化竞争的方式发展的。但当前企业在发展过程中仍面临着政府垄断、区域垄断、大企业垄断，存在一些资源错配和浪费现象。这种资源错配和浪费，有各部门执行层面的问题，但也需要重新评估这种由政府主导的工程、项目、平台，依靠政府投入去发展的民生行业，其发展机制本身是否存在根源性的障碍。

本书认为，政府在推动民生科技发展的过程中，关键问题就是要转变管理思路，把工作重心完全转移到为创新系统中各成员提供沟通渠道的方向上来，适当放任企业自己去决定要研发什么、要生产什么、要采用怎样的模式，让企业问题由市场来管。政府要着力创造良好的创新秩序和创新氛围，打造高度国际化的信息渠道，对大部分关乎民生需要、存在产业化潜能的领域，要充分赋予创新主体开放的自由，通过完善在线技术交易市场、商品流通市场等培育有利于自由创新的环境。

二、对企业的关键挑战：开放融合与商业模式创新

对企业而言，以民生科技的心态进行创新是很自然的事，因为企业的创新活动的主要目的就是满足用户需求、占有市场以实现商业获利。但是，新技术的发展和民生科技导致的创新系统变化，也对企业提出了新的关键性挑战。

1. 民生科技重视协作和融合，强调合作和开放学习

在民生科技的创新生态系统中，成员不再是独立的创新者，而是一个相互联结的世界的一部分。要想取得成功，就要确保能够获得其他人的支持。很多企业研究案例已经证明，利益相关者是否准备好接受创新技术带来的新挑战，在相当程度上决定了民生科技的创新能否成功。这意味着创新生态系统中的各主体都要具备足够的创新意识、创新能力乃至适合创新的设备，才能实现一次成功的民生科技创新。为实现这种共生式的成长，处于创新生态系统中的企业，应当使单个企业以外的人也能够变得更聪明、更富有、更创新。从生物角度来说，创新生态系统投资于共生，而非寄生。成功的创新者从新品和服务获得新利润，但成功的创新生态系统建立获利能力的方式，则是鼓励他人创造有价值的新产品与服务，鼓励客户和用户也变得更加倾向于创新。企业必须通过开放的创新合作、通过整个系统的联合，促使用户接受其产品，培养出适应新产品的上下游合作伙伴，形成长期持续运作的创新链，这就是在未来一段时间里民生领域企业创新所要面对的最大挑战之一。

此外，从我国的现实情况看，开放融合还要求企业要积极引进和消化国外的先进民生技术。不可否认，在相当一部分民生领域，国外的企业凭借较长时间的科研积累仍掌握着优势核心技术，如本书第十一章反映出的，在部分行业中，国外企业甚至垄断了从高端产品到保障性产品的整条产品价值链。面对这样的不利局面，我国企业应充分利用好现代市场的灵活和信息技术带来的多样化选择，在引进吸收国外先进民生技术的基础上，积极推进"再创造"过程，通过成本优势、市场宣传优势、商业渠道优势等，实现民生技术的本地化。

2. 民生科技重视用户需求，提倡商业模式创新

民生科技的创新能否实现不仅要看技术水平，某种程度上，技术同非技术因素的创新生态是否融洽才是影响市场行为成败的关键。同样是创新的技术和产品，影响用户选择的关键究竟在哪？信息技术为全球用户带来极大的便捷性，决定企业是否能够获得商业成功的可能仅在一念之间。无数案例已经证明，仅仅依靠产品和技术不能保证企业在如今的竞争环境中获得成功，必须创造新的模式给用户带来更新更好的体验。进一步说，限制民生科技类产品获得成功的很多因

素，实际上并不仅是技术障碍，更多的需要商业模式的创新。像近年来很多民众关心的为老服务、移动医疗等新行业，已经涌现了不少可以满足使用者技术需求的成果，但这些创新产品却受到传统营销方式的限制，难以扩大市场。在阿里巴巴、小米等公司的市场成功案例中，商业模式的创新都是重要的影响因素，各个行业的企业都应注意到以商业模式创新适应用户需求的重要意义，以在民生科技的竞争中占得先机。

主要参考文献

北京技术市场管理办公室 . 2012. 2011 年北京技术市场监测报告 .

北京技术市场管理办公室 . 2013. 2012 年北京技术市场统计年报 .

北京市经济和信息化委员会 . 2010~2013. 北京信息化年鉴 2010~2013[M]. 北京:电子工业出版社 .

北京市老龄工作委员会办公室 . 2012. 北京市 2011 年老年人口信息和老龄事业发展状况报告[OL]. http://zhengwu. beijing. gov. cn/tjxx/tjgb/t1244333. htm[2014-12-01].

北京市统计局,国家统计局北京调查总队 . 2010~2013. 北京统计年鉴 2010~2013[M]. 北京:中国统计出版社 .

陈劲,阳银娟 . 2012. 协同创新的理论基础与内涵[J]. 科学学研究,30(2):161-164.

陈俊杰,崔永华 . 2012. 基于自主创新的我国民生科技发展战略研究[J]. 科技进步与对策,29(3):14-18.

程凯 . 2006. 全国残疾人辅助器具"十一五"工作会议上的讲话[OL]. http://www. cdpf. org. cn/zcwj/hywj/200711/t20071123_29133. shtml[2014-12-01].

崔永华,王冬杰 . 2011. 区域民生科技创新系统的构建——基于协同创新网络的视角[J]. 科学学与科学技术管理,32(7):86-92.

邓琦 . 2014-03-26. 北京科技奖公布 最年轻获奖者 23 岁[N]. 新京报,A22 版 .

杜军 . 2010. 东京都循环经济建设的现状及启示[J]. 当代经济管理,32(12):94-97.

高博 . 2012-05-25. 北京年度大奖,激发创新力量[N]. 科技日报,8 版 .

顾林生 . 2005. 东京大城市防灾应急管理体系及启示[J]. 防灾技术高等专科学校学报,7(2):5-13.

广州市科技局 . 2012. 2011 年广州市科学技术奖呈现五个特点[OL]. http://www. most. gov. cn/dfkj/gd/zxdt/201206/t20120604_94776. htm[2012-06-04]

何郁冰 . 2012. 产学研协同创新的理论模式[J]. 科学学研究,30(2):165-174.

湖北省科学技术厅办公室 . 2014. 2013 年度湖北省科技奖励大会召开陈焕春荣获突出贡献奖[OL]. http://www. hbstd. gov. cn/mbjj/30977. htm. [2014-02-25].

贾品荣,2011-10-27. 支撑民生科技发展的四大技术[N]. 中国经济时报,11 版 .

经济与合作发展组织,欧盟统计署 . 2005. 奥斯陆手册——创新数据的采集和解释指南第三版[M]. 北京:科学技术文献出版社 .

孔凡瑜 . 2012. 中国民生科技发展:必要、挑战与应对[J]. 科技管理研究,32(2):30-32.

李宏伟 . 2009. 民生科技的价值追求与实现途径[J]. 科学·经济·社会,27(3):99-102.

林兰,曾刚 . 2003. 纽约产业结构高级化及其对上海的启示[J]. 世界地理研究,12(3):44-50.

刘欢.[2013-02-22]六成获奖科技项目惠及民生[N].北京日报,5版.

秦远建,肖志雄.2009.民生科技的内涵及发展模式研究[J].科技与管理,11(3):15-18.

全国老龄工作委员会办公室等.2012.中国老龄工作年鉴2012[M].北京:华龄出版社.

山东省科技厅.2014.山东省2013年度科技奖励呈现新特点[OL].http://www.most.gov.cn/dfkj/sd/zxdt/201404/t20140428_112900.htm[2014-04-29].

上海市社会团体管理局.2011.残疾人辅助器具适配的现状与探讨[OL].http://stj.sh.gov.cn/Info.aspx?ReportId=4b935017-6fde-43a2-bed2-95e6d6fdbbee[2014-12-01].

首都科技发展战略研究院.2013.首都科技创新发展报告2012[M].北京:科学出版社.

司托克斯.1999.基础科学与技术创新:巴斯德象限[M].周春彦,谷春立译.北京:科学出版社.

唐华.2006.美国城市管理:以凤凰城为例[M].北京:中国人民大学出版社.

万尼瓦尔·布什.2004.科学——没有止境的前沿[M].范岱年等译.北京:商务印书馆.

王明礼,王艳雪.2010.民生科技的价值取向与实现途径[J].科学学研究,28(10):1441-1444.

吴琼.2005.国家创新体系的内涵、构成要素及关联性分析[J].理论建设,96(2):50-52.

吴伟.2010.发展民生科技的技术现实性与社会现实性[J].湖南农机,37(2):79-80.

徐则荣.2006.创新理论大师熊彼特经济思想研究[M].北京:首都经济贸易大学出版社.

杨善华,贺常梅.2004.责任伦理与城市居民的家庭养老——以"北京市老年人需求调查"为例[J].北京大学学报(哲学社会科学版),41(1):71-84.

叶明海,翟庆华,张玉臣.2010.基于我国国情的创新四面体模型研究[J].经济论坛,473(1):195-198.

曾国屏等.2013.从创新系统到创新生态系统[J].科学学研究,31(1):4-12.

詹·法格博格.2009.牛津创新手册[M].柳卸林等译.北京:知识产权出版社.

张俊祥,李振兴,程家瑜.2009.我国民生科技三大重点发展关键技术和路线图研究[J].中国科技论坛,7:40-42.

张恺悌.2011.全国城乡失能老年人状况研究[OL].http://www.cncaprc.gov.cn[2014-12-01].

张璐.2014-03-28.企业成创新"大户"获奖项目超六成[N].天津日报,2版.

中国残疾人联合会.2011~2012.中国残疾人事业统计年鉴2011~2012[M].北京:中国统计出版社.

中国科技发展战略研究院.2014.国家创新指数报告2013[M].北京:科学技术文献出版社.

中国医药保健品进出口商会和北京华通人商用信息有限公司.2012.中国医疗器械贸易年鉴2012[M].北京:中国商务出版社.

中华人民共和国国家统计局,中华人民共和国科学技术部.2010~2013.中国科技统计年鉴2010~2013[M].北京:中国统计出版社.

中华人民共和国卫生部.2010~2013.中国卫生统计年鉴2010~2013[M].北京:中国协和医科大学出版社.

周元,王海燕,等.2011.民生科技论[M].北京:科学出版社.

周元,王海燕,曾国屏,等.2008.中国应加强发展民生科技[J].中国科技论坛,1:3-8

日本東京都知事本局計画調整部計画調整課.2011.2020年の東京[R].

日本国連経済社会局人口部 . 2006. 日本の将来推計人口 [R].

日本総務省統計研修所 . 2008. 日本統計年鑑 2008 [M]. 東京：総務省統計局 .

Edquist C. 1997. Systems of Innovation：Technologies，Institutions，and Organizations [M]. London：Pinter.

Government of London. 2011. The London PLan：Spatial Development Strategy for Greater London [R].

Government of New York City. 2011. PLANYC update Apr. 2011，A Greener，Greater New York [R].

Rosenberg M D. 1979. The influence of Market demand upon innovation，a critical review of some recent empirical studies [J]，Research Policy，8：102-153.

Schmookler J. 1966. Invention and Economics Growth [M]. Cambridge：Harvard University Press.

Schumpeter A. 1934. The Theory of Economic Development [M]. Cambridge：Harvard University Press.

The London Fire and Emergency Planning Authority. 2012. London Safety Plan 2013 ~ 2016. Pre-consultation draft for stakeholder engagement [R].

佚名 . 2008. President's Council of Advisors on Science and Technology. University-Private Sector Research Partnerships in the Innovation Ecosystem President's Council of Advisors on Science and Technology [R].